粗煤泥螺旋分选运动行为及分选特性

叶贵川　著

获取彩图

北　京
冶　金　工　业　出　版　社
2022

内容提要

本书共5章，详细阐述粗煤泥分选运动行为及分选特性，主要内容包括煤用螺旋分选机流场特征及影响因素、颗粒在螺旋分选机中的分离运动、粗煤泥螺旋分选行为及调控因素、螺旋分选机分选密度调控手段及优化等。

本书可供选煤厂、选矿厂以及相关领域科研单位、设计单位的工程技术人员阅读，也可供矿物加工工程专业的高等院校师生参考。

图书在版编目(CIP)数据

粗煤泥螺旋分选运动行为及分选特性/叶贵川著. —北京：冶金工业出版社，2022.8

ISBN 978-7-5024-9224-3

Ⅰ.①粗… Ⅱ.①叶… Ⅲ.①煤泥—分选技术 Ⅳ.①TQ520.61

中国版本图书馆CIP数据核字（2022）第137635号

粗煤泥螺旋分选运动行为及分选特性

出版发行 冶金工业出版社　**电　话** (010)64027926

地　址 北京市东城区嵩祝院北巷39号　**邮　编** 100009

网　址 www.mip1953.com　**电子信箱** service@mip1953.com

责任编辑 王梦梦　美术编辑 彭子赫　版式设计 郑小利

责任校对 郑 娟　责任印制 禹 蕊

北京建宏印刷有限公司印刷

2022年8月第1版，2022年8月第1次印刷

710mm×1000mm 1/16；9.5印张；184千字；143页

定价 59.00元

投稿电话 (010)64027932　投稿信箱 tougao@cnmip.com.cn

营销中心电话 (010)64044283

冶金工业出版社天猫旗舰店 yjgycbs.tmall.com

（本书如有印装质量问题，本社营销中心负责退换）

前　　言

《2020煤炭行业发展年度报告》指出，2020年我国煤炭产量39亿吨，煤炭占我国一次能源消费的56.8%，在相当长时间内煤炭的主体能源地位不会改变。目前，采煤机械化的发展使我国细粒煤含量迅速增加，小于3mm颗粒含量高达20%~45%，这给粗煤泥分选、煤泥浮选以及煤泥水处理等生产环节带来严峻的挑战。细粒煤得不到有效分选，导致主选工艺系统中煤泥含量增加，影响主选设备的生产效率，降低选煤厂精煤产品质量，严重时可导致选煤厂停产，造成巨大的经济损失和资源浪费。因此，大力发展细粒煤分选技术，是实现煤炭清洁高效利用的关键。

目前，重力分选和泡沫浮选是细粒煤主要的分选技术。重力分选因其绿色、高效等特点，在选煤厂得到大力推广和应用，衍生出螺旋分选、强化重力场分选、流态化分选等技术。相对于其他细粒煤重力分选技术，螺旋分选以能耗低、结构简单、效率高、运行成本低、无环境污染等优势受到青睐，是细粒煤高效绿色分选的核心技术之一。

本书综述了螺旋分选的研究进展，结合作者近年的研究成果，对粗煤泥螺旋分选运动行为及分选特性进行了详细的阐述，明确了螺旋分选机横截面形状、横向倾角以及距径比对螺旋流膜分布、颗粒运动行为以及分选特性的影响规律。

本书可供选煤厂、选矿厂及相关领域的科研、设计单位的工程技术人员和矿物加工工程专业相关院校的师生参考。

本书涉及的研究工作得到国家自然科学基金青年基金项目（52104260）和山西省回国留学人员科研项目（2022—060）的资助，特此致谢！

由于作者水平所限，书中不妥之处，欢迎读者批评指正。

作　者

2022年6月

目　　录

1　绪　　论

1.1　煤泥分选的重要意义及常见技术手段

煤炭是我国最主要的一次能源，自改革开放以来，全国累计生产煤炭约 740 亿吨，为国家发展提供了 70%以上的一次性能源，支撑了我国经济的高速发展[1]。2013 年起，我国煤炭产量停止大幅增长，但据 2017 年的统计数据，我国煤炭产量仍占世界煤炭产量的 45.64%[1]。中国工程院公布"推动能源生产和消费革命战略研究"成果，估计到 2030 年煤炭占我国一次性能源体系的 50%以上，到 2050 年煤炭占我国一次性能源体系的 40%以上[2,3]。基于我国丰富的煤炭储量，即使 40%的占比，煤炭在我国的消耗量仍十分巨大。此外，我国煤炭资源总体丰富，但炼焦煤储量仅占全国煤炭总储量 27.65%，约 649 亿吨[4]。

目前，我国选煤厂分选工艺较为成熟，以粗粒煤重介选、细粒煤泥浮选为主。随着重选设备的大型化，粒度分选下限不断提高，-1mm 的煤泥得不到有效分选[5,6]，同时，细粒煤泥浮选工艺对+0.25mm 的煤泥分选效果较差，因此粒度在 1~0.25mm 的粗煤泥的分选较为困难。据统计，选煤厂粗煤泥中有用成分占 60%左右，若不对粗煤泥进行分选提质，选煤厂经济效益受到损失的同时，还会造成资源的浪费[5,7-10]。此外，煤泥水处理系统运行电耗较大[11]，因此提高粗煤泥的分选精度和分选效率，在降低煤泥水处理系统电耗的同时，提升精煤的回收率，有利于资源的高效利用。在重力场中，随着粒度的减小，颗粒所受流体阻力与重力的比值也越来越大，导致颗粒按密度（或粒度）分选（或分级）时间增长，使 1~0.25mm 粒级粗煤泥的分选难度增大。因此，粗煤泥的高效分选是当前的研究热点和难点。目前，粗煤泥的主要分选设备有煤泥重介旋流器、TBS 干扰床、水介质旋流器、螺旋分选机。

1.1.1　煤泥重介旋流器

煤泥重介旋流器[8,9]是在强螺旋流产生的离心力场中实现颗粒按密度分选的粗煤泥分选设备。煤泥重介旋流器直径较小，实际分选中，通常以煤泥重介旋流器组的形式布置在选煤厂中。矿浆（重介悬浮液和入选物料）沿切线进入煤泥重介旋流器后，沿器壁向下做螺旋运动。在锥体部分，过流面积减小，位于外螺旋流内层的矿浆在轴向上受到向上的加速度，在径向受到向内的加速度，从而形成向上的内螺旋流。矿浆进入旋流器后，在沿锥体器壁向下运动的过程中，过流面积不断减小，不断有外螺旋流转为内螺旋流，且越往下，外螺旋流转化为内螺旋流的速率越小。内外螺旋流之间存在轴向零速度络合面，小于重介悬浮液密度的颗粒将进入零速度络合面而进入内螺旋流，最后从溢流排出；大于重介悬浮液密度的颗粒则随向下的外螺旋流由底流排出。煤泥重介旋流器内颗粒运动轨迹和几何模型如图 1.1 所示。

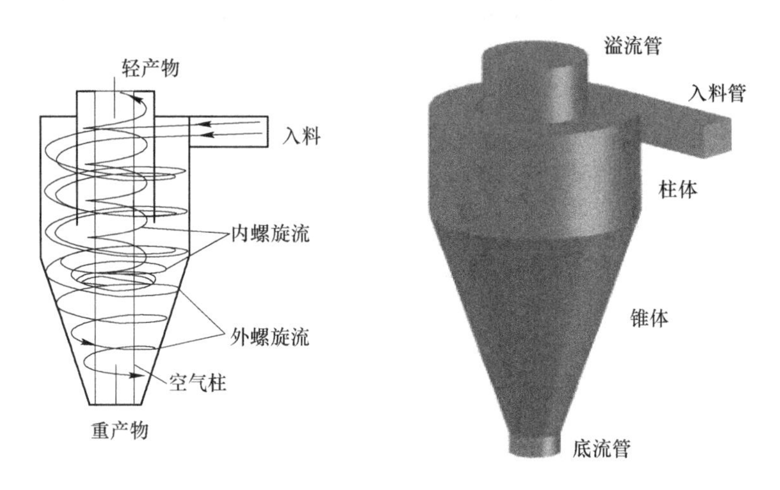

图 1.1　煤泥重介旋流器结构及其内部流态

煤泥重介旋流器入料粒度小，入料压力大，分选密度低，但分选成本高，对重介质的质量要求严格，在实际使用中很难达到设备的最佳运行状况，且物料粒度较细，脱介难度大，介耗高，系统稳定性差，不适宜大规模处理粗煤泥。

1.1.2　TBS 干扰床

TBS 干扰床[12]分选机是目前选煤厂中使用较为广泛的一种高效分级分选设备。入料粒级窄时，密度对沉降速度起主导作用时，分选机内物料按密度分离，即实现了分选作用；当入料的密度级差别较小，粒度对沉降速度起主导作用时，分选机内物料按粒度不同分离，即实现了分级。TBS 分选原理如图 1.2 所示。矿浆自上部给入，与上升水流混合后，会形成较为稳定的干扰床层。入料颗粒高于床层密度时，将穿过床层由矸石排放口排出，低于床层密度时则会上浮进入精煤区，从而使物料实现按密度分选。

TBS 干扰床分选密度可控，但上升水流速度难以控制，分选过程不稳定，且入料粒度范围窄，对入料悬浮液的浓度要求苛刻，入料煤泥可选性为难选时，分选精度低，尾煤夹带精煤严重。

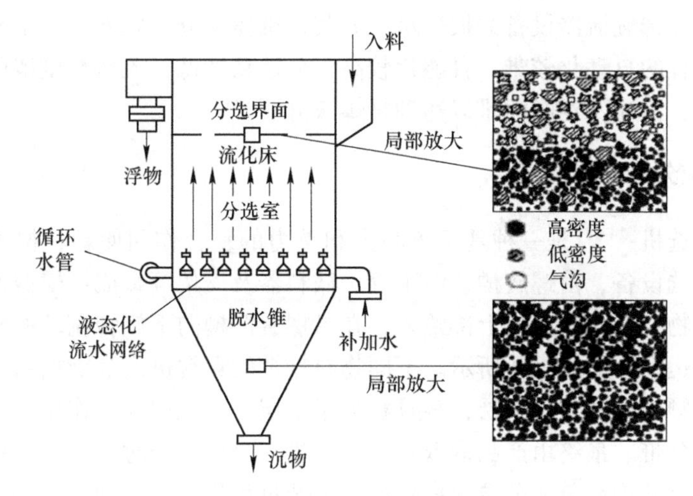

图 1.2 TBS 干扰床分选机理

1.1.3 水介质旋流器

水介质分选旋流器[5,13]是一种适于粗煤泥分选的重选设备。通过调节溢流管插入深度、锥角大小、直径等参数，可以将入料中 3~0.125mm 粒级的灰分降低到 10%甚至 8%以下。水介质旋流器按锥体部分结构，可分为单锥水介质旋流器、复锥水介质旋流器、三锥水介质旋流器以及水跃复锥水介质旋流器（煤泥旋流重选柱）等，其结构分别如图 1.3（a）~（d）所示。

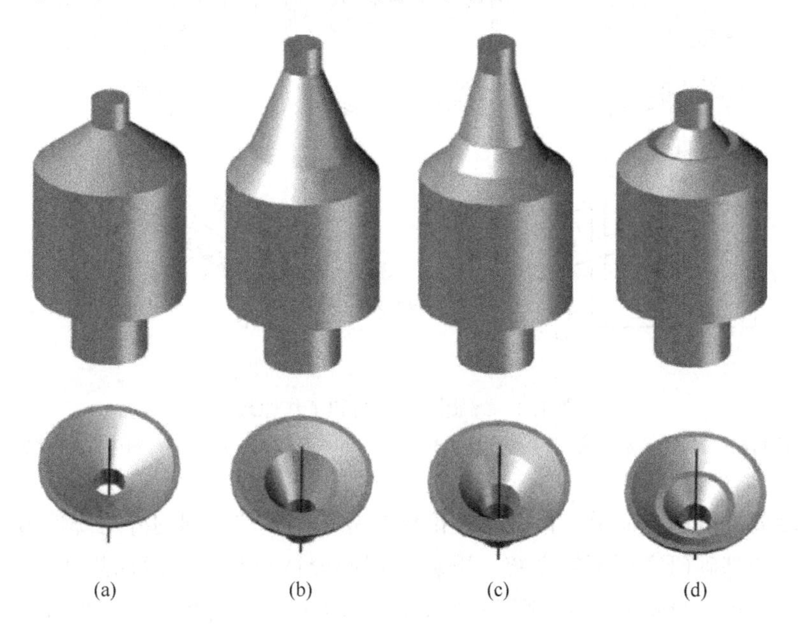

图 1.3 水介旋流结构主要形式

水介质分选旋流器设备磨损严重，尤其是锥体部分。此外，自生介质不易控制，分选过程的自动化较难，且能耗较高，分选精度低，入料粒度范围窄，分选粒度下限高，溢流不经脱泥难以达到精煤灰分要求。

1.1.4 螺旋分选机

螺旋分选机[14-18]是一种基于离心力和重力的复合作用使颗粒按密度进行分离的传统分选设备，由螺旋槽、给水管、截料器及支架等组成；横截面形状多为椭圆形或抛物线形。矿浆从上部给入，在沿螺旋溜槽向下旋转流动的同时又在横向上做环流运动，如图 1.4 所示。不同物料特性的颗粒进入螺旋槽后，颗粒按密度分层，重颗粒主要位于下层，轻颗粒位于上层。在径向环流作用下，轻重颗粒沿径向实现分带。最终由产品截取器对产品进行分离。相对于其他几种设备，螺旋分选机具有结构简单、分选效率较高、分选过程稳定、无动力部件、维护成本极低、使用期限长的特点[19]，在美国、澳大利亚等产煤国，螺旋分选机是常规粗煤泥分选设备[17, 20]。但其分选密度较高（+1.6g/cm^3），目前主要应用于动力煤选煤厂，如同煤集团、神华神东煤炭集团等下属选煤厂。

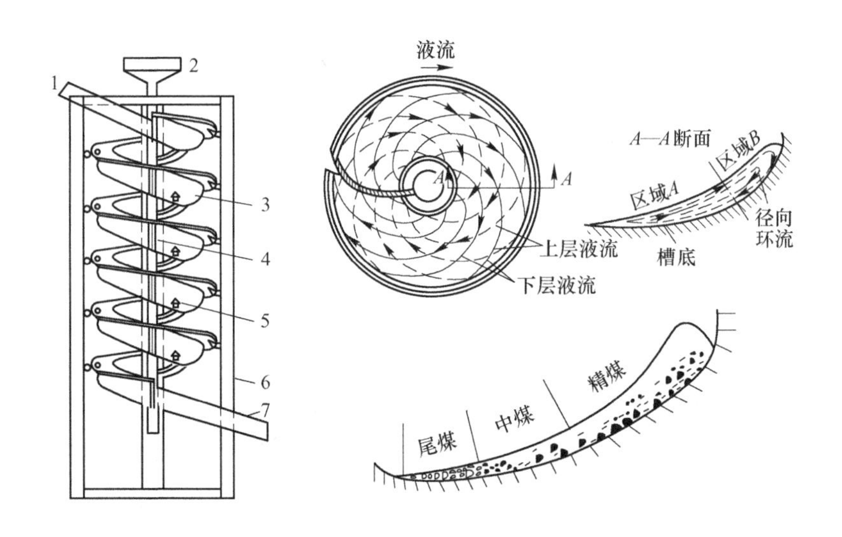

图 1.4 螺旋溜槽结构和工作原理

1—给料槽；2—冲洗水导槽；3—螺旋槽；4—法兰；5—重矿物排出管；6—机架；7—尾矿槽

螺旋分选机结构简单，但分选理论极为复杂。目前，国内外对螺旋分选机的分选理论的基础研究还不够系统，颗粒在螺旋分选过程中的运动规律不够明确，结构参数对螺旋分选机流场特征以及颗粒分离运动行为的影响鲜有报道。

本书意在阐明螺旋分选机中流场分布特征以及颗粒分选行为，深入理解螺旋分选机中流场对颗粒的作用机制，明确螺旋分选机理，阐述降低螺旋分选机分选密度的关键因素；揭示结构参数（横截面形状、横向倾角、距径比等）对流场分布及颗粒运动的影响规律，强化螺旋分选机对中间密度物料的分选。在保留螺旋分选机结构简单、无动力部件等特点的同时，降低螺旋分选密度，突破其在粗煤泥分选领域中的应用瓶颈，丰富粗煤泥分选工艺的选择性。

1.2 螺旋分选研究进展

1.2.1 螺旋分选机发展历程

Frank Pardee 于 1899 年首次提出螺旋分选机的设计[21]，Humphres 于 1943 年首次将其应用于工业[22]，目前在金属砂矿、海滨砂矿以及煤炭分选中具有诸多应用。图 1.5 展示了螺旋分选机从 1899 年至今的发展历程[14, 21-37]。

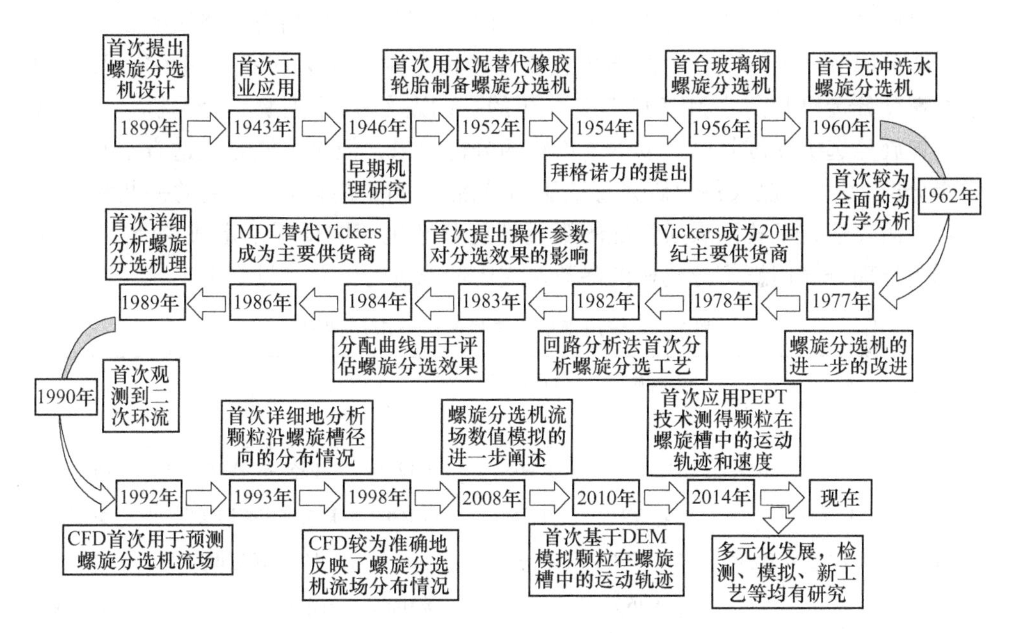

图 1.5 螺旋分选机发展历程

由图 1.5 可知，螺旋分选机的研究和发展主要可以分为三个阶段。

阶段一：1899 年~20 世纪 70 年代末。这一阶段主要是螺旋分选机从发明到应用于工业的过程。理论研究主要集中在颗粒的受力分析上。

阶段二：20 世纪 80 年代初~20 世纪 90 年代末。这一阶段主要是螺旋分选机流场及颗粒分布规律研究，从流场本身的特性来考察螺旋选矿原理。操作参数对分选效果的影响也开始被系统地研究，数值模拟技术在这一阶段也开始被应用，理论研究日趋完善。

阶段三：20 世纪 90 年代末至今。这一阶段螺旋分选机的发展呈现一个多元化发展的趋势，在分选原理、清水流场和颗粒运动的测试和模拟、操作参数对分选效果的影响、新型截料器的设计等方面均有研究。其中，数值模拟在这一阶段是比较热门的研究，多位学者应用多种方法对螺旋分选机中的流场以及颗粒运动规律进行了模拟。目前，流场方面已获得较大成功，但颗粒在螺旋分选机中运动规律的模拟，仍然不够理想。近几年，先进的正电子放射型颗粒示踪技术（PEPT）也在螺旋分选机中得以应用，首次捕获了颗粒在分选过程的运动轨迹和速度，对于完善螺旋选矿理论具有重要的意义。

1.2.2 螺旋分选机的应用现状及设备优化方法

1.2.2.1 煤用螺旋分选机结构特点及应用现状

螺旋分选机已广泛应用于煤炭、海滨砂矿、铁矿、重晶石、络铁矿以及金矿等矿物分选[29, 30, 38-43]。我国煤用螺旋分选机主要是澳大利亚 Roche 公司的 LD 系列螺旋分选机和南非 MULTOTEC 公司的 SX 以及 SC 系列螺旋分选机。尽管这两类螺旋分选机在国外已经取得了不错的分选效果，但仍不能完全适宜于我国的煤炭分选[44]。以煤炭科学研究总院唐山分院、中国矿业大学为主的一些科研院所着手研究适宜于我国煤质情况的煤用螺旋分选机，取得了一定成果[45-49]。现将国内外部分煤用螺旋分选机的参数及应用情况进行汇总，见表 1.1。

表 1.1 煤用螺旋分选机参数及应用情况

型号	分选圈数	距径比	入料粒度/mm	分选密度/$g \cdot cm^{-3}$	分选精度	使用单位	厂型
XL750	6	0.4	1~0.1	1.605	0.126	井陉一矿选煤厂[48]	动力煤
SML900	6.5	—	2~0.1	1.78	0.148	新汶良庄矿选煤厂[46]	动力煤
ML650	6.5	0.46	1~0.076	—	—	井陉一矿选煤厂[49]	动力煤
MLX700	—	—	0.46	1.5	0.100	山东八一矿选煤厂[45]	动力煤
ZKLX1100	—	—	1~0.1	1.58	0.121	河南新庄选煤厂[47]	动力煤
MINDE2X6	—	—	1.5~0.075	1.87	0.18	晋华宫选煤厂[50]	动力煤
LD2	—	0.39	—	1.6~2.0	0.1~0.2	Warkworth 选煤厂[26]	
LD7	6	—	1~0.1	—	0.13~0.45	西铭矿选煤厂[51]	动力煤
SC13/4/3	4	—	2~0.1	1.74	0.19	西易选煤厂[52]	动力煤
SX7	—	—	1~0.1	1.80	0.15~0.18	河南鹤壁中泰[53]	炼焦煤

续表 1-1

型号	分选圈数	距径比	入料粒度/mm	分选密度/g·cm^{-3}	分选精度	使用单位	厂型
—	—	—	0.2~0.074	2.0	0.2	弗让多选煤厂[54]	

非煤用螺旋分选机主要是指螺旋选矿机和螺旋溜槽。通常将煤用的螺旋选矿机称作螺旋分选机，将槽面为立方抛物线的螺旋选矿机称作螺旋溜槽[19]。螺旋选矿机和螺旋溜槽在金属矿、海滨砂矿等密度差异较大的矿物分选中有着良好的分选效果。现将部分非煤用螺旋分选机的参数及应用情况汇总，见表 1.2。

对比表 1.1 和表 1.2 已公开的螺旋分选机参数可以看出，煤用螺旋分选机大多采用较低的螺距和更多的分选圈数，这主要是因为煤用螺旋分选机精煤和尾煤的密度差异较小，采用较低距径比和较多的分选圈数，可以增加矿浆在分选过程的滞留时间，从而提升分选效果。总体来说，煤用螺旋分选机主要用于动力煤选煤厂，但对可选性较好的炼焦煤选煤厂也有一定应用。在应用过程中，也存在一定问题。

表 1.2　非煤用螺旋分选机参数及应用情况

型　号	圈数	距径比	处理量/t·h^{-1}	入料粒度/mm	使用单位
FLX 螺旋选矿机	5	0.6	0.8~1		
GL-2 螺旋选矿机	5	0.63~0.73	1.2~1.8	-0.315	攀钢钛业公司选钛厂[55]
BLX 螺旋选矿机	4.5	0.59~0.75	1.0~1.8		
振摆螺旋选矿机	4	0.4	—	—	云锡大屯老尾矿选矿厂[56]
磁力螺旋溜槽	5	0.56	—	0.074~0.038	云南武定某钛铁矿厂[57]
低距径比螺旋溜槽	5	0.36	6.0~12.0	1~0.01	江西某红柱石选矿厂[58]
BL1500	5	—	6.0~13.0	1~0.01	东北某铁矿[59]
旋转螺旋溜槽	3	0.57	2.4~3.0	-1.5	新疆某钽铌矿[60]

（1）表 1.1 所列举的 11 家选煤厂中，仅山东八一矿选煤厂和河南新庄选煤厂中螺旋分选机的分选密度低于或接近 1.6g/cm^3，其余选煤厂螺旋分选机的分选密度均高于该值，这说明螺旋分选机分选密度较高，普遍在 1.6g/cm^3 以上，低于该值分选效果不明显。

（2）表 1.1 所列举的 11 家选煤厂中，仅晋华宫选煤厂入料粒度低至 0.075mm，其余 10 家选煤厂入料下限均为 0.1mm，这说明螺旋分选机对细粒降灰效果不明显，多数选煤厂的入料下限在 0.1mm 左右。尽管这对于有浮选工艺的选煤厂来说是有益的，但对于未设浮选工艺的大多数动力煤选煤厂来说，-0.1mm 的细煤泥只能通过压滤的手段进行回收，不能实现良好的分选。

（3）表 1.1 所列举的数种螺旋分选机中，仅中国矿业大学自主研制的 ZK-LK1100 型螺旋分选机直径达 1100mm，单台处理量在 3.6～6.0t/h，随着我国动力煤入洗率的提高以及采煤设备的大型化，煤泥含量不断攀升，现有螺旋分选机的单台处理量难以满足实际生产需求。

（4）尽管螺旋分选机具有结构简单无动力部件等优点，但这也同样限制了螺旋分选机的进一步发展，设备一经投入生产，结构参数已经固定，无法进行更改，无法针对煤质的变化及时调整自身结构参数，缺乏灵活性。

1.2.2.2 螺旋分选机设备优化手段

我国自引入螺旋分选设备以来，为了适应我国矿物分选的需要，在煤、金属以及海滨砂矿等矿物分选领域设计出了多种新型螺旋分选设备，取得了一定的成就，具体的优化手段和对应的螺旋分选设备见表 1.3[6]。综合表 1.3 选煤和非选煤行业中对螺旋分选机的优化实例可以看出，对螺旋分选机的优化主要有改变结构参数和引入外力两种手段，以改变结构参数作为主导优化手段。其中，采用参数不同的稳定槽、过渡槽和分选槽相结合的方式是当前煤用螺旋分选机常见的优化手段，这种优化手段主要是增强了颗粒在进入稳定槽后的分层效果，从而更好地利用断面环流进行分带。通过引入外力对螺旋分选机进行优化的技术手段，在煤用螺旋分选机上应用较少，中国矿业大学研究的振动螺旋干法分选机在垂直方向引入了振动，但在湿法分选领域还未见有引入外力的煤用螺旋分选机。事实

表 1.3 螺旋分选机的优化情况[6]

<table>
<tr><th colspan="2">改变结构参数</th><th colspan="2">引入外力</th></tr>
<tr><th>优化手段</th><th>新型螺旋分选设备</th><th>优化手段</th><th>新型螺旋分选设备</th></tr>
<tr><td rowspan="3">参数不同的稳定槽、过渡槽和分选槽进行组合</td><td>XL-750 螺旋分选机</td><td rowspan="3">引入垂直振动</td><td rowspan="3">高频振动螺旋选矿机
振动干法螺旋分选机</td></tr>
<tr><td>SML-900 螺旋分选机</td></tr>
<tr><td>LD-7 螺旋分选机</td></tr>
<tr><td rowspan="2">对横截面进行优化</td><td>ZK-LX1100 螺旋分选机</td><td rowspan="3">引入横向摆动</td><td rowspan="3">振摆螺旋选矿机</td></tr>
<tr><td>GL 型螺旋选矿机</td></tr>
<tr><td rowspan="2">引入粗选、精选和扫选工艺</td><td>多段式螺旋选矿机</td></tr>
<tr><td>组合式螺旋分选机</td><td rowspan="2">引入旋转运动</td><td rowspan="2">旋转螺旋选矿机</td></tr>
<tr><td>对槽面特性进行改变</td><td>来复条螺旋溜槽
刻度螺旋溜槽</td></tr>
</table>

上，引入外力后会破坏螺旋分选机结构简单、无动力设备、操作维护简单等诸多优点，在选择螺旋分选机的优化手段时，应谨慎采取引入外力的优化手段。因此，对螺旋分选机进行优化设计时，应根据物料特性以及分选原理，优先考虑改变结构参数的优化手段，必要时适当引入外力，尽可能保持螺旋分选机结构简单、无动力设备等优点。

1.2.3 螺旋分选理论研究进展

1.2.3.1 流场特征及颗粒运动行为的检测

螺旋分选机中流场十分复杂，由内至外依次是层流、过渡流以及弱紊流流态，且流膜最薄的地方低于1mm，对于流场的检测以及颗粒在复杂流场中运动行为的检测十分困难。Holland-Batt 设计了如图 1.6（a）的装置，用以测定螺旋分选机中的流膜厚度[14]。流膜厚度由探针距离液面与槽底之间的竖直距离决定。Holtham 在螺旋槽取料段设计 8 个小槽（见图 1.6（b）），测定每个小槽的流量，推算出每个小槽的平均速率[22]；Holtham 设计了一种表征径向环流强弱的方法，通过在槽底注射酸性高锰酸钾示踪溶液，借用相机捕捉酸性高锰酸钾溶液的运行轨迹，用高锰酸钾溶液轨迹与螺旋线的夹角来反映径向环流的偏移程度，其示意图如图 1.6（c）所示[22, 25, 64]。由于螺旋槽内缘流膜特别薄，通常在 1mm 以下，应用示踪液体法表征径向环流时，要求底部的探针必须完整贴合槽底，且通入的示踪液体流量必须足够小且足够平稳，操作难度较大。黄秀挺利用激光多普勒仪，证实了径向环流的存在，且测定了螺旋槽外缘的径向速度与切线速度，但对中部区域以及内缘流体的流场特征并未分析[70]。

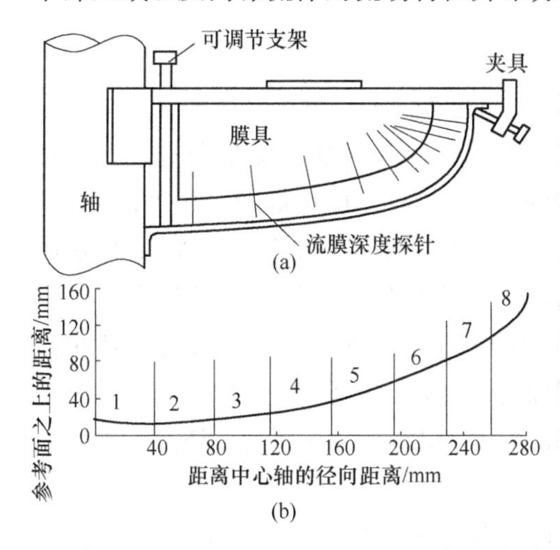

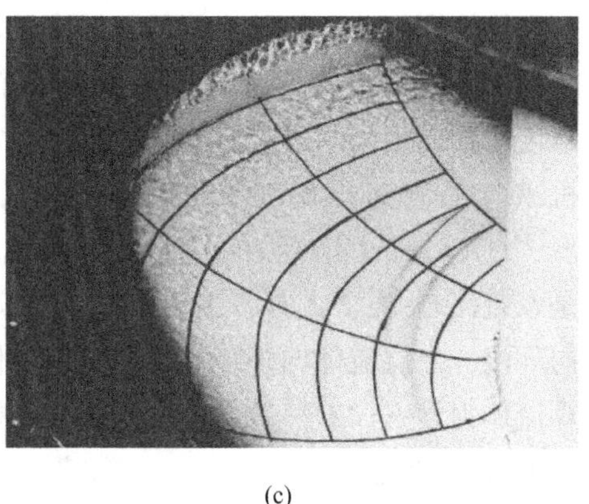

图 1.6 螺旋分选机流场测试方案

（a）流膜厚度测试装置示意图；（b）纵向平均速度截料区域示意图；（c）径向速度测试结果示意图

目前，通过试验研究螺旋分选机中颗粒运动行为主要有两种方法。传统的方法是将截料器分成若干小槽，通过搜集各小槽中样品来分析颗粒的分布规律[14, 100]。最新的方法是应用正电子放射型颗粒示踪技术（positron emission particle tracking，PEPT）追踪被标记颗粒在分选过程中的运动规律[34, 82, 83]。实验测试系统如图 1.7（a）所示。正电子放射型颗粒示踪技术的最大优势是可以实时追踪被标记颗粒在分选过程中的位置、速度，真实反映颗粒的分选行为。基于正电子放射型颗粒示踪技术，图 1.7（b）展示了铬铁矿颗粒在螺旋分选中的运动轨迹[34, 82, 83]。

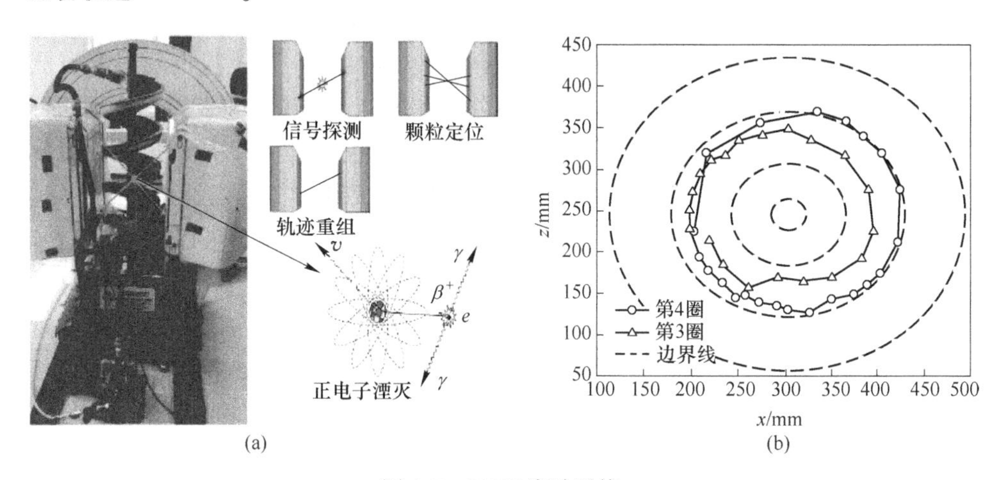

图 1.7 PEPT 实验系统

（a）PEPT 测试系统；（b）铬铁矿颗粒在螺旋分选中的运动轨迹

1.2.3.2 流场分布特性

尽管螺旋分选机结构简单，但流场复杂。通常认为，螺旋分选机流场主要分主流（沿螺旋线向下运动）和径向环流两类[61]。针对 LD-9 螺旋分选机，水流厚度沿径向由 1mm 逐渐向外缘增加至 20mm[14, 62,63]。Holtham 测量了螺旋分选机纵向平均速度沿径向的分布情况，证实内缘水流速度低于外缘水流速度[14, 64]。通过雷诺数的计算，Holtham 认为螺旋分选机内缘是层流流态，外缘是紊流流态[64]。此外，理论推导以及实验测试已经证实，螺旋分选机中存在径向环流，上层流体向外缘流动而下层流体移向内缘[14, 25, 64, 65]。Matthews 利用计算流体力学（CFD）软件，基于多相流模型（VOF）也成功预测了径向环流的运动形式[28, 31]。

诸多研究表明，径向环流对颗粒在螺旋分选机中的径向分布规律有较大影响[22, 23, 64, 65]。Gleeson 基于弯曲河道中的二次流现象，首次提出颗粒在螺旋分选机中的径向分布规律主要是径向环流的影响[23]。M. Φ 阿尼金和 Holland-Batt 等学者也对径向环流的存在形式做了详细的描述，认为径向环流与沿螺旋线向下的切线流垂直[14, 62]。由薄流膜选矿理论可知，沿流膜厚度方向由槽底至液面存在一个速度差，槽底纵向速度较小而液面纵向速度较大[19]。这就导致螺旋分选机中，上层液体所受离心力较大，流体将被甩向外缘。下层流体速度较小，重力和摩擦力沿槽面的分力起主要作用，流体将向内缘运动。由于上层流体移向外缘，下层流体移向内缘，在槽的外缘和内缘，分别有一个下降流和上升流。这就形成了一个完整的径向环流。Holtham 通过高速摄像机，利用饱和高锰酸钾溶液做示踪液体，研究了槽底和液面流体的运动轨迹，证实了螺旋分选机中径向环流的存在，且示踪液体迹线与螺旋线偏离角度在 2°~5°之间，即径向环流相对于主流很小[22, 25, 64]。Matthews、Doheim 通过计算流体力学软件，模拟出了螺旋分选机中的流场分布特性，证实了槽底流体与自由表面流体径向速度方向相反，即螺旋槽中存在沿径向的径向环流[28, 31]。Rayasam 通过理论分析，认为离心力是径向环流产生的主要原因[65]。国内对螺旋分选机中径向环流的研究主要集中在 20 世纪 80 年代。卢继美、徐镜潜、黄尚安基于 Burch 的假设，利用动力学方法，忽略纵向流和径向流的相互关系，分别推导出径向速度的公式，并分析了中性面（径向速度反转）的位置[66-68]。此外，黄秀挺、陈庭中通过试验测量了径向速度的大小和方向，证实了径向环流的存在[69, 70]。

1.2.3.3 颗粒运动规律

螺旋分选的实质，概括起来就是松散—分层—分离的过程[19]。置于螺旋分选设备内的物料，在流体浮力、重力或其他机械力的推动下松散，使不同密度（或粒度）的颗粒发生分层。通常，重颗粒沉于槽底而轻颗粒悬浮在矿浆上层。螺旋分选机中的流场复杂，由内至外依次是层流、层流到紊流的过渡区域以及弱紊流区域[28]，内缘水流较薄，通常不足 1mm，但外缘水流较厚，10~20mm 不等[14]。颗粒在如此复杂的流态中的分层情况，并不是简单的沉降分层理论。目前，国内外学者对这一方面的研究不够完善。Holland-Batt 研究了分选长度对颗粒分层特性的影响规律，但并没有解释颗粒在螺旋分选机中的分层机制[71]。也有学者提出，螺旋分选机中的水流厚度，对颗粒的分层具有重要影响，但这一假设并没有通过实验验证[15]。在公开发表的文献中，拜格诺曾在 1954 年提出，当悬浮液中的颗粒受到剪切作用时，垂直于剪切方向将产生一种分散压，这种分散压足以与一部分颗粒的重力平衡，使颗粒保持悬浮状态，从而实现颗粒的分层[72]。拜格诺剪切松散理论指出，在流膜选矿中，除了紊流脉动水速所引起的紊动扩散作用使颗粒悬浮外，还有颗粒间的剪切松散作用使颗粒悬浮，后者是层流运动时唯一的松散手段[72-74]。有学者提出，拜格诺力仅存在于高浓度区域[75]。

颗粒在螺旋分选机中运动规律的研究方法，主要有解析法、数值模拟法和试验法三种。沈丽娟对螺旋分选机中纵向和横向两个方向建立两套直角坐标系进行受力分析，忽略了螺旋槽空间三维曲面的特殊性，也没有考虑颗粒在螺旋槽不同位置处流膜流态不同的事实[76]；孙铁田考虑了螺旋槽横断面由内至外依次为层流区域、过渡区域、若紊流区域的事实，对不同区域的颗粒进行受力分析，定性分析了颗粒的运动情况，但对于如何正确建立坐标系分析颗粒在螺旋分选机中的受力情况缺乏准确的描述[77]；卢继美基于颗粒在螺旋分选机中的运动达稳定状态后将沿着一定的螺旋线运动的事实，提出对颗粒建立自然坐标系从而分析其受力情况的方法，结合颗粒在螺旋槽横截面不同位置时所处的流态不同的事实，推导了颗粒在运动过程中的速度公式，但仅仅对槽底的颗粒进行分析，对悬浮颗粒缺乏研究[78]；Y. ATASOY[79]、M. Li 等人[26]对颗粒在螺旋分选机中的运动规律做了系统地探究，发现高密度颗粒主要聚集在内缘而低密度颗粒主要聚集在外缘，中间密度颗粒则呈现双峰分布，在外缘和内缘均有较多分布，粒度低于 0.09mm 的颗粒主要分布在外缘[26]。众多学者通过实验也认为，在螺旋分选过程中，重颗粒向内缘运动，而轻颗粒则主要向外缘运动[14, 26, 27, 79, 80]。Kapur、Glass、Das 等通过经验公式的数值计算也得出了相似的结论[27, 80, 81]。Boucher 通过先进的正电子放射型颗粒示踪技术（PEPT），追踪了颗粒在螺旋分选机中的运动轨迹，证实了高密度的二氧化硅颗粒向内缘富集而低密度的石英颗粒则向外缘运动特性[34, 82, 83]。Doheim、Mishra and Tripathy、Kwon、刘祚时等学者分别利用欧拉固液两相流模型、离散相模型以及光滑流体粒子模型 smoothed particle hydrodynamics（SPH）模拟了颗粒在螺旋分选机中的分布规律，在一定程度上定性反映了螺旋分选特点，但仿真结果与试验结果仍有较大差距[28, 29, 31, 32, 84-86]。

1.2.4　分选效果影响因素

1.2.4.1　操作参数

操作参数对螺旋分选效果影响的研究见表 1.4[20, 30, 37, 41, 63, 75, 87-97]。

表 1.4　操作参数对螺旋分选效果的影响研究

编号	作　者	研究对象	粒度/μm	操作参数
1	Dixit, et al.[30]	铁矿	－45	流量、浓度、截料器位置
2	Loveday, et al.[63]	二氧化硅	500～850	粒度
3	Dallaire, et al.[87]			流量、浓度
4	Holland-Batt[39]	煤		分选圈数
5	Holland-Batt[88]	煤		流量
6	Machunter[95]	矿砂	-50	浓度

续表 1.4

编号	作　者	研究对象	粒度/μm	操作参数
7	Honaker, et al.[93]	煤	-210	流量、浓度
8	Barry, et al.[89]	煤	-1500	流量、浓度
9	Yang[91]	煤	44~150	Size
10	Kari, et al.[94]	矿砂	-63	流量、浓度、截料器位置
11	Sadeghi, et al.[41]	铁矿	38~1600	流量、浓度、冲洗水
12	Bazin, et al.[90]	铁矿	38~1600	粒度
13	Dehaine, et al.[75]	高岭土	-45	冲洗水、浓度
14	Tripathy, et al.[92, 97]	铬铁矿	-200	流量、浓度、截料器位置
15	Kohmuench[96]	煤	100~1000	分选回路
16	Bazin, et al.[37]	赤铁矿		冲洗水、浓度

如表 1.4 所示，流量和入料浓度是两个关注度最高的操作参数。截料器位置和入料颗粒粒度也是关注度比较多的操作参数。

实验表明，提高流量会导致中间密度和低密度矿物向外缘运动，从而得到高品位的重矿物[27, 65, 81]。至于煤用螺旋分选机，精煤灰分和产率随着流量的增加而增加[30, 38, 87, 93, 94]。

入料浓度对螺旋分选效果的影响较为复杂。Dixit 研究了入料浓度对铁矿的影响，结果表明，铝土矿的品位随着入料浓度的提高而降低[30]。Kari 提出，重矿物品位和回收率都随着矿浆浓度增加而增加，浓度继续增加会导致重矿物品位增加但回收率减小[94]。Honaker 研究了入料浓度对精煤灰分的影响，认为精煤灰分随着浓度的增加先减小后增加[93]。通常认为，20%~40%的矿浆浓度是螺旋选矿的比较适宜的浓度[98]。

截料器位置对分选产品的品位和回收率也有较大影响[92]。截料器远离中心轴时，产品回收率降低，导致金属矿精矿品位降低，精煤灰分也降低。Mohanty 自主研发了一种实验室自动控制的接取器，在实验室条件下可以通过识别矿物品位沿槽面的分布情况自动调整截料器位置[99]。

矿物粒度对分选效果的影响也得到了诸多学者的关注[63, 90, 91, 97]。研究工作表明，入料矿浆进行预先脱泥有利于提高粗粒矿物的分选效果[95]，窄粒级分选对细泥矿物分选有利[91]，颗粒过粗或者过细均会导致回收率降低（见图 1.8）[75, 90, 100-103]。颗粒过细，将迫使颗粒随流体运动，导致选别效果不理想。针对过粗的颗粒，通常认为拜格诺力是其回收率降低的原因[75, 90]。由于内缘矿浆浓度很大，拜格诺力在内缘比较明显。拜格诺力优先作用于粗颗粒[38, 75, 79, 81, 104]，导致粗颗粒在拜格诺力作用下浮于上层，在径向环流作用下运动到外缘，从而导致粗粒的回收率降低。

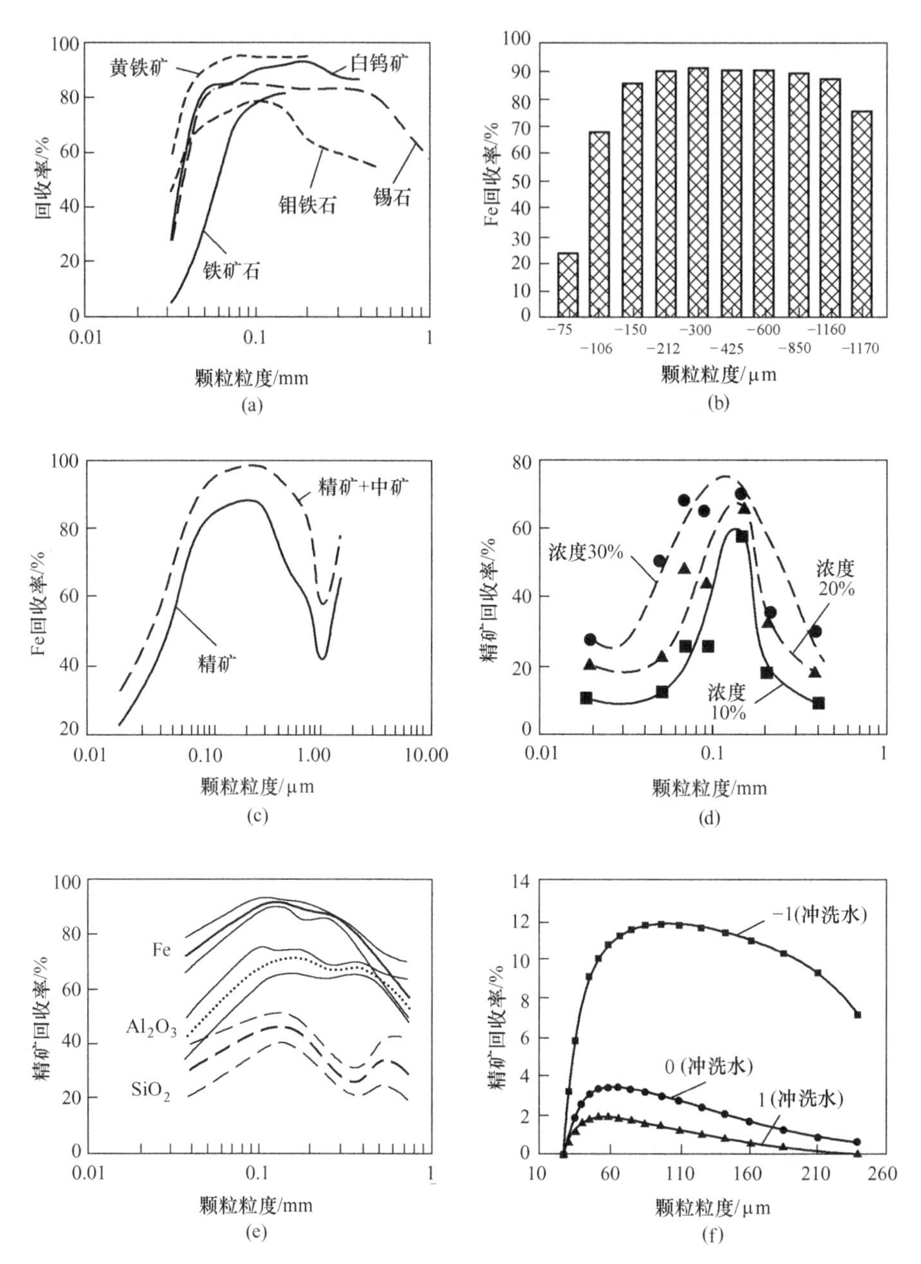

图 1.8 回收率与颗粒粒度之间的关系

(a) 伯特 (1894 年); (b) 海玛和米奇 (1989 年); (c) 米勒 (1991 年);
(d) 理查德 (2000 年); (e) 巴赞 (2014 年); (f) 德哈因 (2016 年)

对选矿而言，冲洗水可以减少内缘夹带的低密度颗粒，从而提升精矿品位，因此精矿品位随冲洗水流量的增加而增加[42, 105]。Sadeghi 认为，冲洗水流量较小时，精矿回收率较高[41]。当分选细粒矿物时，不建议添加冲洗水，以免将重的细粒矿物冲洗到外缘[38]。

分选回路对螺旋分选的影响目前研究较少。回路分析法在矿物加工中的应用近来已得到详细报道[24, 35]。Kohmuench 通过实验证明，采用一段螺旋粗选，中煤螺旋精选可以在精煤灰分相似的基础上将精煤产率提高 3.86% [96]。

1.2.4.2 结构参数

螺距、槽面形状以及螺旋长度是螺旋分选机最重要的三个设计参数。任一参数的改变对分选效果都有重要的影响[42]。目前，结构参数对螺旋分选性能影响的研究报道较少。表 1.5 汇总了结构参数对螺旋分选性能的研究情况[27, 29, 36, 38, 62, 79, 106]。

表 1.5 结构参数对螺旋分选效果的影响研究总结

编号	研究者	研究方法	材料	结构参数
1	Kapur and Meloy [27]	动力学分析	—	螺距、直径
2	Sivamohan and Forssberg [38]	综述	—	直径、槽面形状
3	M. Φ. АНИКИН[62]	试验	—	圈数、直径、槽面形状
4	Holland-Batt[106]	综述	—	混料器、截料器
5	Kwon et al. [29]	CFD	—	螺距、圈数
6	Palmer[36]	试验	煤	圈数
7	Atasoy and Spottiswood [79]	试验	煤	圈数

螺距是影响螺旋分选性能的重要参数之一，但是针对螺距对分选效果影响的研究却鲜有报道。目前关于螺距对分选效果影响的研究主要是通过经验公式进行定性分析。近年来，数值模拟技术也开始用于研究螺距对分选效果的影响[29, 42]。此外，苏联学者 АНИКИН 认为高螺距适宜分选粒度小于 0.2mm 的矿物，低螺距则更适于处理 0.2~2mm 的矿物[62]。用螺距和直径的比值、距径比，来表征螺距这一结构参数。通常认为，距径比在 0.4~0.6 之间适用于煤泥分选，而距径比在 0.6~0.8 时，更适宜分选重矿物。

槽面形状是螺旋分选机又一个重要的设计参数。Sivamohan 认为一个连续的槽面形状更适宜于砂矿的分选[38]。Holland-Batt 对比了不同横截面形状螺旋分选机的分选效果，但是并没有详述横截面形状对分选效果的影响[40, 71, 107]。АНИКИН 在 20 世纪 50 年代对 16 种不同槽面形状的螺旋分选机进行研究，其研究结果如图 1.9 所示[62]。АНИКИН 认为，长轴是短轴长 2 倍的椭圆型横截面形状适宜分选粒度小于 2mm 的矿物颗粒，立方抛物线型螺旋分选机则适宜处理粒度小于 0.2mm 的矿物颗粒[62]。然而，АНИКИН 仅是对不同槽面形状螺旋分选机的分选效果进行了对比，并没有就槽面形状对分选效果的影响的原因进行解释。

现代螺旋分选机一般都是4～7圈。实验结果表明，回收率随螺旋长度的增加而增加，但在4圈后，回收率增加的趋势变缓[20, 62]。此外，Sivamohan认为，当分选窄密度级矿物时需要更多的螺旋长度[38]。此外，沈丽娟认为增加螺旋圈数比增加螺旋直径更有利于提高分选效果[108]。Atasoy提出，对于重矿物分选来说，前两圈分选效率足够高，但是对于选煤来说，5圈及以上更有利于保证分选效果[79]。此外，Holland-Batt认为，螺旋圈数相同时，采用多段螺旋分选的设计不利于分选[39]。

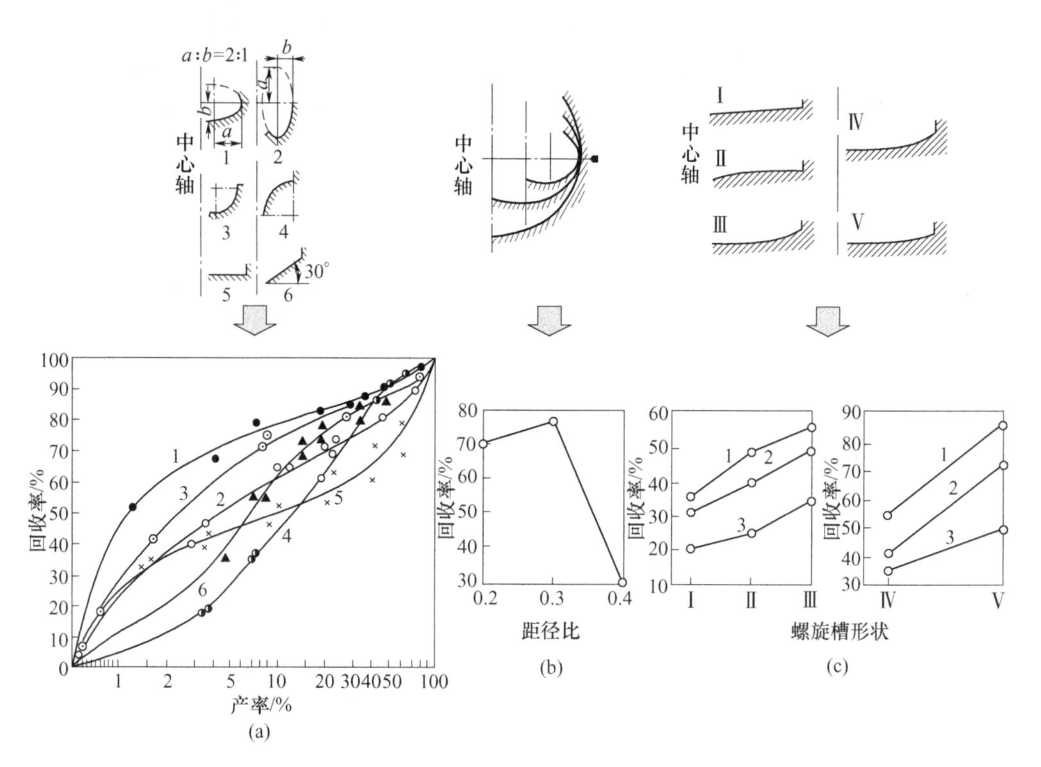

图1.9　横截面形状对螺旋分选效果的影响

（a）槽面形状类型对颗粒分选行为的影响；（b）槽宽对颗粒分选行为的影响；（c）螺旋槽形状对颗粒分选行为的影响

1.2.5　螺旋分选机研究方法概述

1.2.5.1　理论计算及数值模拟

数学模型和计算流体力学已经多次用于模拟螺旋分选机中的分选行为。表1.6总结了近年来螺旋分选机的数值模拟概况[26-33, 75, 80, 81, 84, 85, 97, 109-114]。从表1.6可知，经验模型在分析螺旋分选效果时，具有较为理想的效果。其中，

Wang是基于流体力学基本方程来表征流场，Stokes、Jancar、Lee是基于颗粒在螺旋分选机中的受力情况分析颗粒在螺旋分选过程中的平衡位置。这些经验公式是对颗粒在流体中的运动进行了大量简化处理，在反映螺旋分选机流场特性以及颗粒平衡位置上具有一定的局限性。

计算流体力学（CFD），通常用来模拟螺旋分选机中的流场和颗粒运动规律。Matthews、Doheim基于计算流体力学软件Fluent，应用多相流模型（VOF），成功模拟了LD-9型螺旋分选机内径向环流的运动形式，分析了螺旋分选机中流膜厚度以及纵向速度分布特点[28, 33, 112]。

近年来，欧拉模型（eulerian model）、离散颗粒模型（discrete particle model，DPM）、离散元法（discrete element method，DEM）、光滑粒子流体动力学法（smoothed particle hydrodynamics，SPH）已成功用于模拟颗粒在螺旋分选机中的运动规律[32]。Doheim应用欧拉模型，把颗粒视为拟流体，模拟了颗粒在LD-9型螺旋分选机中的分布特点。Matthews通过离散颗粒模型也取得了较为理想的模拟结果，但该研究成果是颗粒在1/12圈中的分布行为，较为局限[28]。Mishra首次采用离散元法模拟颗粒在螺旋分选过程中的运动行为[32]，相对于欧拉模型和离散颗粒模型，离散元模型更符合实际颗粒在分选过程的运动行为。Mishra在模拟时，基于Matthews模拟的速度场重新绘制计算域，并假定颗粒的存在不影响速度场。Kwon首次提出用光滑粒子流体动力学法模拟颗粒在螺旋分选机中的分选行为，取得了较为满意的结果[29]。总体而言，目前的模拟工作，主要是反映螺旋分选中高密度向内缘运动、低密度颗粒向外运动的规律，可以定性反映颗粒在螺旋分选过程中的运动规律，但模拟精度有限，且并未深入探讨结构参数对颗粒运动行为的影响规律。

表1.6 螺旋分选机数值仿真研究总结

编号	研究者	模　型	研究目的
1	Wang，et al[114]	流体动力学方程	提出数值模拟手段
2	Stokes[111]		流场模拟
3	Stokes[110]		流场计算
4	Jancar，et al[113]		流场模拟
5	Lee，et al[85]		颗粒运动规律分析
6	Matthews，et al	多相流模型：VOF/Eulerian	流场模拟
7	Matthews，et al		颗粒径向位置预测
8	Doheim，et al[33]		流场模拟
9	Mahran[109]		流场和颗粒仿真
10	Doheim，et al[31]		颗粒径向分布仿真
11	Mahran，et al[84]		颗粒径向分布仿真

续表 1.6

编号	研究者	模　型	研究目的
12	Mishra, et al[32]	DEM	分选过程模拟
13	Kwon, et al[29]	SPH	颗粒运动规律模拟
14	Kapur, et al[27]	动力学分析	单颗粒动力学分析
15	Glass, et al[80]		
16	Li, et al[26]		
17	Das, et al[81]		

1.2.5.2　分选效果评价方法

螺旋分选效果的评价在实验室和工业上都非常重要。工业上，对螺旋分选设备进行周期性的性能评价，可以及时确保螺旋分选机在较优的操作条件下进行。实验室对螺旋分选性能进行评价则可以分析当前结构参数的螺旋分选机是否适宜于处理目标矿物。评价螺旋分选性能的方法如图 1.10 所示。

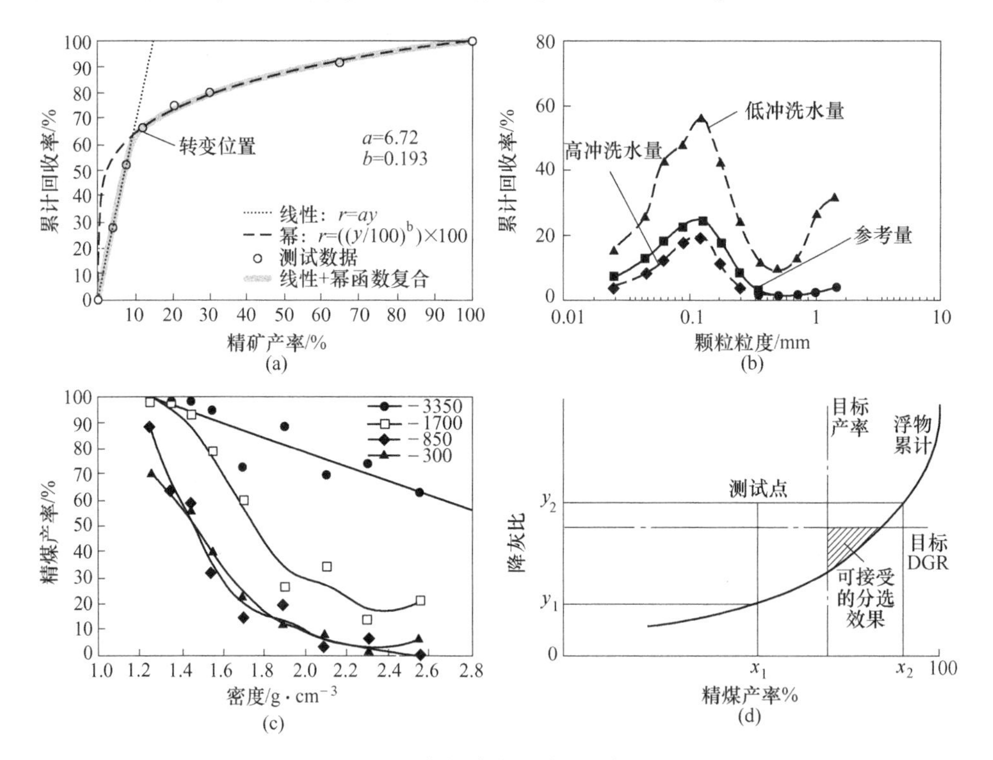

图 1.10　评定螺旋分选效果的方法汇总

(a) 累计回收率 vs 精矿产率；(b) 累计回收率 vs 颗粒粒度；(c) 精煤产率 vs 颗粒密度；(d) 降灰比 vs 精煤产率

精矿品位和产率是最常用的评价指标。回收率-产率曲线常用来分析金属矿分选效果[71]。Holland-Batt 基于该曲线的分布特征，提出回收率与产率相关的“Holland-Batt 曲线”，如图 1.10（a）所示[71, 115]。Holland-Batt 曲线多用来评价不同操作条件下的螺旋分选效果[71, 101, 115-120]。

回收率-粒度曲线是另一种常用来评价螺旋分选性能的曲线（见图 1.10（b）），该曲线表征了回收率与粒度之间的对应关系。纵坐标表示精矿中某粒度级物料占入料中该粒度物料的质量的比例[41]。回收率-粒度曲线可以非常便捷地用来分析不同粒度颗粒的螺旋分选效果。

对煤用螺旋分选机而言，分配曲线（partition curve）是常用来评价螺旋分选效果的手段[79]。典型的分配曲线如图 1.10（c）所示，分配率（by-passing ratios）和分选密度（cut-point）可以很直观地从分配曲线得出。分配曲线常用来评价操作参数或者入料性质对螺旋分选性能的影响[79, 121, 122]。

降灰比（ash downgrade ratio）-产率曲线如图 1.10（d）所示，是另一种用于评价螺旋选煤性能的曲线。Holland-Batt 认为，由入选原煤得出的分选理论指标也应在降灰比-产率曲线中得以体现，以便于直观分析分选效率[107]。降灰比-产率曲线最初由 Holland-Batt 提出，其目的在于简化绘制分配曲线所需要的时间和成本[107]。降灰比定义为精煤灰分与原煤灰分的比值[107, 123]。Richards 认为，降灰比-产率曲线只适宜于入料性质变化不大的情况，也就是说，入料具有相似的可选性[123]。降灰比-产率曲线也常用来评价不同操作参数对分选效果的影响[88, 107, 123]。

1.2.5.3 工艺优化研究

近年来，响应面法（RSM）已成功用于预测螺旋分选最优操作参数[30, 75, 97]。Dehaine 基于全因素设计法（full factorial design，FFD）设计并研究了冲洗水添加量与入料固体浓度对精矿、尾矿不同粒度回收率的影响。结果表明，冲洗水添加量对矿物回收率有显著影响，尤其是对粗颗粒矿物而言，其回收率随冲洗水添加量的增加而降低[75]。Dixit 基于 BBD（box - behnken design）设计并研究了流量、入料浓度以及截料器位置对氧化铝产率和品位的影响。结果表明，截料器位置对氧化铝的品位和产率具有显著影响[30]。Tripathy 也用 BBD 设计法针对氧化铬矿进行了类似的研究[97]。响应面法是一种基于数学模型拟合的统计学方法，用于预测响应值的最优条件[124, 125]。响应面的设计步骤如图 1.11 所示。

线性回路法（linear circuit analysis ，LCA）是一种用于评价多段回路分选工艺性能的回路分析法[24, 35]。典型的回路分析法分为单回路法（individual unit circuit）和多回路法（multistage circuit），如图 1.12 所示。根据质量守恒，任意

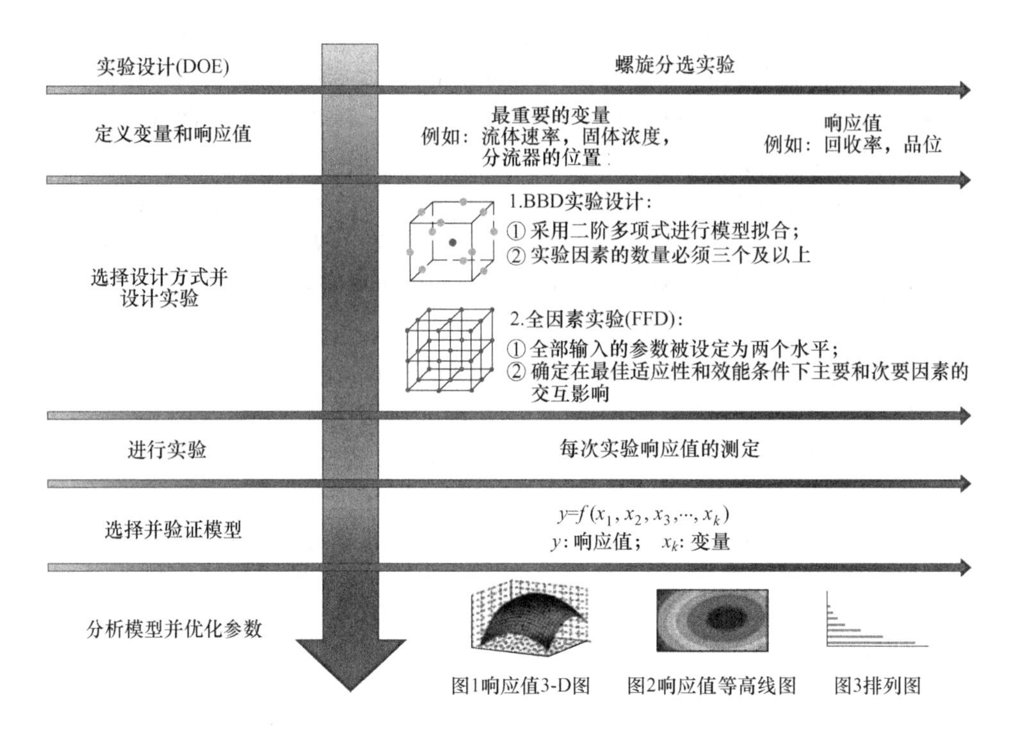

图 1.11　响应面法实验设计思路

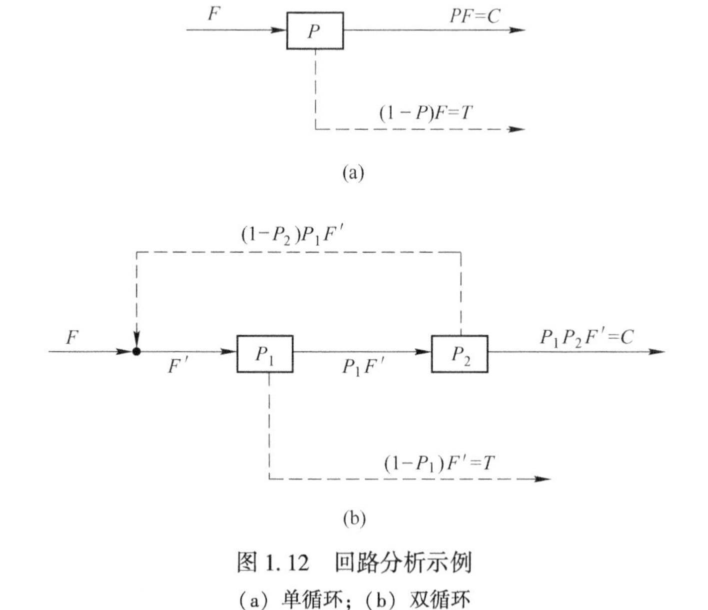

图 1.12　回路分析示例

(a) 单循环；(b) 双循环

单回路的产率、品位有如下关系：

$$C_n = F_n \times P_n \tag{1.1}$$

$$T_n = F_n(1 - P_n) \tag{1.2}$$

式中，C_n 表示精矿质量；F_n 表示入料质量；T_n 表示尾矿质量；P_n 表示精矿产率。这种回路分析方法可以拓展到多回路分析。当前，回路分析法在螺旋分选中的应用较少[24, 35, 96]。事实上，澳大利亚提出的两段螺旋法其本质就是回路分析法的一种成功的应用[91]。

2　煤用螺旋分选机流场特征及影响因素

螺旋分选机流场对颗粒的分离性能有很大的影响。螺旋分选机流态复杂，流膜很薄，通过试验的方法很难全面反映螺旋分选机流场特性。本章基于螺旋槽的几何特性，建立自然坐标系，从理论上推导出流膜厚度、纵向速度、径向速度的计算式；为了验证并补充动力学计算的准确性，基于计算流体力学软件(Fluent) 对螺旋分选机流场分布特征进行数值模拟，将螺旋槽视为一个敞口的明渠流，引入气相，基于欧拉-欧拉算法，利用多相流模型和周期性边界条件，实现了螺旋分选机流场的数值模拟；结合动力学计算和数值模拟结果，综合分析了螺旋分选机流膜厚度、纵向速度、雷诺数、径向速度、压强梯度的分布特性及影响因素，为螺旋分选机颗粒分离理论及调控提供依据。

2.1　螺旋分选机结构特点

矿物加工中螺旋输送机、螺旋分选机、煤仓溜槽等均采用了螺旋面的设计。一条曲线（动线）沿轴线旋转的同时，沿轴向发生位移，就形成了螺旋面。通常所见的螺旋分选机槽面，可以看作是一定形状的槽面沿螺旋线绕轴旋转所产生的三维曲面，螺旋槽结构如图 2.1 所示。

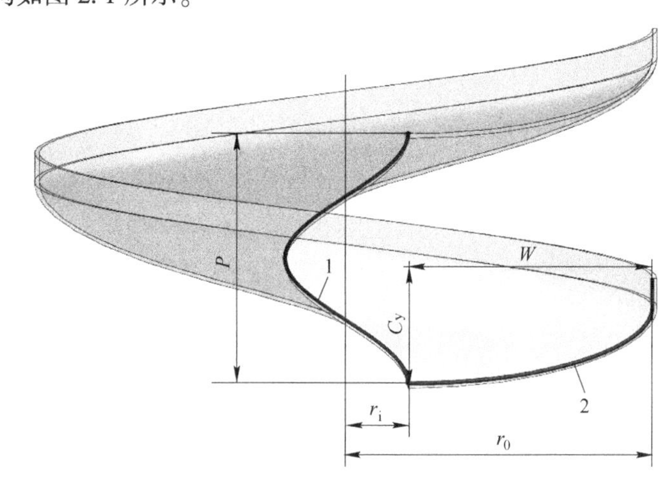

图 2.1　螺旋槽结构示意图

1—螺旋线；2—横截面形状

图2.1中，P 表示螺距，即螺旋槽某一断面沿螺旋线旋转一圈的竖直距离；r_i 表示内径，即螺旋槽最内缘距离中心轴的距离；r_0 表示外径，即螺旋槽最外缘距离中心轴的距离；C_y表示槽深；W 表示槽宽。

螺旋线与水平线形成的夹角，在整个螺旋线长度内是不变的，通常用 α 表示，称之为纵向倾角，其计算公式如下：

$$\tan\alpha = P/(2\pi r) \tag{2.1}$$

式中，r 为槽面任意位置距离中心轴的径向距离。

螺旋线的曲率半径总是大于其在水平面上投影圆的曲率半径，可由式（2.2）计算：

$$\varphi = r/(\cos\alpha)^2 \tag{2.2}$$

螺旋分选机横向倾角 λ 表征了螺旋槽沿径向的倾斜程度，可由式（2.3）计算：

$$\tan\lambda = \frac{C_y}{W} = \frac{C_y}{r_0 - r_i} \tag{2.3}$$

需要注意：螺旋槽上某一点沿径向的倾斜程度，可用局部横向倾角 β 表示。若已知横截面形状的曲线方程 $f(r)$，则局部横向倾角可由式（2.4）求出：

$$\tan\beta = f'(r) \tag{2.4}$$

2.2 基于自然坐标系的流场特征参数计算

螺旋分选机内流场十分复杂，不仅有绕轴的螺旋运动（纵向运动），在过水断面还有径向环流（径向运动），构成了螺旋槽特有的空间复合螺旋线运动[16]。

2.2.1 螺旋分选机中纵向速度计算公式

螺旋槽面是一个复杂的空间三维曲面，通过在切线方向、主法线方向、副法线方向建立自然坐标系，可以更清晰地反映流体在槽面的运动情况。为了更清楚地表征螺旋槽某一点的横向倾角、纵向倾角与微元流体的相对位置，以螺旋槽中心轴为 Z 轴，以水平面为 X、Y 轴建立直角坐标系，与自然坐标系组成复合坐标系（见图2.2），进而在复合坐标系下分析流体微元的运动情况。

图2.2中，点 M 表示微元流体，与中心轴的距离为 r，点 W 是流体 M 在水平面上的投影；MA 为纵向切线方向，与水平面交于点 A，MB 为横向切线方向，与水平面交于点 B；由于螺旋槽横截面是过轴线的铅垂面[126]，过横截面上一点的横向切线在水平面上的投影过圆心，即 B、O、W 三点共线。以切线方向 MA、过 M 点指向中心轴的方向分别为自然坐标系的切线 $\vec{\tau}$、主法线 $\vec{n}$，自然坐标系的副法线 $\vec{b}$ 垂直于切线和主法线方向。过点 W 作 MA 垂线交 MA 于点 C，做 WD 垂

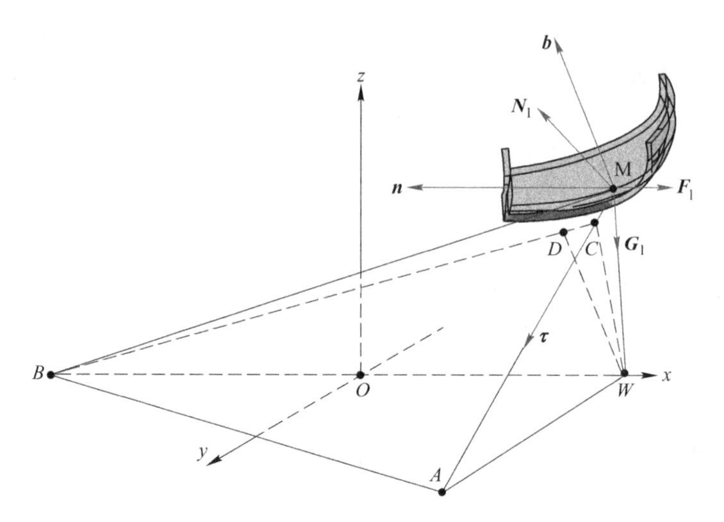

图 2.2　复合坐标系下微元流体受力分析

直于面 MAB 交面 MAB 于点 D。显然，纵向倾角 $\alpha = \angle MAW = \angle MWC$，横向倾角 $\beta = \angle MBW$；由几何关系可知，WC 与副法线方向平行，WD 与支持力方向平行，设二者夹角 $\angle CWD = \theta$，在四面体 $MWAB$ 中应用面积射影定理[127]可以得出：

$$\cos\theta = \frac{\sec\alpha}{\sqrt{(\tan\alpha)^2 + (\tan\beta)^2 + 1}} \tag{2.5}$$

$$\sin\theta = \frac{\tan\beta}{\sqrt{(\tan\alpha)^2 + (\tan\beta)^2 + 1}} \tag{2.6}$$

研究螺旋分选机中的速度分布规律时，采用 Burch 假设，即在分析纵向速度时不考虑径向速度对其的影响，分析径向速度时，假定纵向速度的存在不影响径向速度[128]。微元流体在复合坐标系下的受力如图 2.2 所示，微元流体主要受重力 G_1、离心力 F_{cl} 以及支持力 N_1 作用。需要注意的是，图 2.2 中，切线方向同时垂直于支持力方向、主法线方向以及副法线方向，且支持力方向、主法线方向以及副法线方向均过同一点，说明支持力方向实际上处于主法线和副法线构建的平面中。在不考虑径向速度对微元流体的影响时，在主法线和副法线方向建立牛顿第二定律可得：

$$N_1\sin\theta = F_{cl} \tag{2.7}$$

$$N_1\cos\theta = G_1\cos\alpha \tag{2.8}$$

式中，下标 l 表示流体；$F_{cl} = mv_{\tau l}^2(\cos\alpha)^2/r$，表示流体所受离心力；$v_{\tau l}$ 表示流体纵向速度；$G_1 = m_1 g$ 表示微元流体重力。

联立式（2.5）~式（2.8）可得：

$$v_{\tau l} = \sqrt{rg\tan\beta} \tag{2.9}$$

由式（2.9）可以看出，流体纵向速度与径向距离和横向倾角呈正相关。

2.2.2 螺旋分选机中流膜厚度计算公式

流体在螺旋分选机中分布稳定后，可近似认为是明渠均匀流[18]。明渠均匀流的平均速度可用谢才公式表示[129]，即

$$v_{\tau 1} = C\sqrt{Bi} \tag{2.10}$$

式中，C 为谢才系数；B 为水力半径；i 为槽面坡度。螺旋分选机水力半径等于微元流体厚度 H，坡度 $i = \sin\alpha$。水力学中曼宁公式 $C = B^{1/6}/n_1$，n_1 表示槽面的粗糙系数[129]，本节分析时，$n_1 = 0.013$。

联立式（2.9）和式（2.10）求得流膜深度公式：

$$H = \left(\frac{rgn_1^2\tan\beta}{\sin\alpha}\right)^{\frac{3}{4}} \tag{2.11}$$

由式（2.11）可知，螺旋分选机中流膜厚度与径向距离、槽面粗糙系数、横向倾角以及纵向倾角相关。

2.2.3 螺旋槽中雷诺数计算公式

水力学中用雷诺数来表征流体流态，雷诺数 Re 可表示为：

$$Re = \frac{\rho_1 d_1 v_1}{\mu} \tag{2.12}$$

式中，d_1 表示流体水力直径，当水层厚度相对于槽宽很小时，水力半径接近于流膜厚度[19]；v_1 表示流体速度；μ 表示流体黏性系数。螺旋分选机中，径向速度相对于纵向速度很小，可视为纵向速度主要影响流体流态，将式（2.9）和式（2.11）代入式（2.12）可得：

$$Re = \frac{\rho_1\sqrt{rg\tan\beta}}{\mu} \times \left(\frac{rgn_1^2\tan\beta}{\sin\alpha}\right)^{\frac{3}{4}} \tag{2.13}$$

由式（2.13）可知，螺旋分选机中雷诺数与径向距离和横向倾角呈正相关，与纵向倾角呈负相关。

2.2.4 螺旋分选机中径向速度计算公式

推导径向速度计算公式时，采用 Burch 假设，假定纵向速度不影响径向速度[128]，在自然坐标系中（见图 2.2），将微元流体 M 单独取出进行分析，如图 2.3 所示。

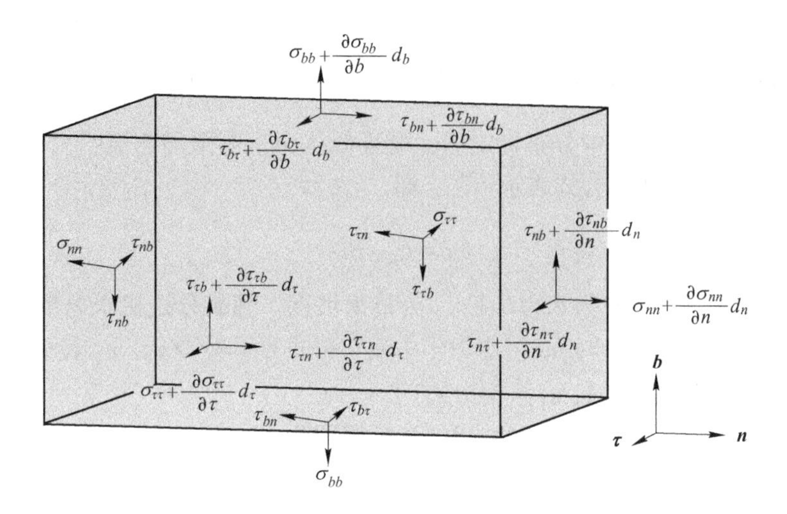

图 2.3　微元流体运动图

沿主法线方向对流体微团建立运动微分方程：

$$f_n\rho d_\tau d_b d_n-\sigma_{nn}d_b d_\tau+\left(\sigma_{nn}+\frac{\partial\sigma_{nn}}{\partial n}d_n\right)d_b d_\tau-\tau_{bn}d_\tau d_n+$$

$$\left(\tau_{bn}+\frac{\partial\tau_{bn}}{\partial b}d_b\right)d_\tau d_n-\tau_{bn}d_n d_b+\left(\tau_{b\tau}+\frac{\partial\tau_{b\tau}}{\partial b}d_b\right)d_n d_b=\rho d_\tau d_b d_n\frac{Dv_n}{Dt}\quad(2.14)$$

化简后得：

$$f_n+\frac{1}{\rho}\left(\frac{\partial\sigma_{nn}}{\partial n}+\frac{\partial\tau_{bn}}{\partial b}+\frac{\partial\tau_{\tau n}}{\partial\tau}\right)=\frac{Dv_n}{Dt}\quad(2.15)$$

式中，f_n 表示质量力，由图 2.2 受力可知，流体微元质量力沿主法线方向的合力为：

$$f_n=0-m\frac{{u_{rh}}^2\times(\cos\alpha)^2}{r}\quad(2.16)$$

式中，u_{rh} 表示距离槽底 h_r 处水层的纵向速度，可由式（2.17）计算：

$$u_{rh}=u_{\tau H}Y^{1/n_2}\quad(2.17)$$

式中，水层相对高度 $Y=h_r/H$，表示微元流体距槽底的距离占该位置流膜厚度的比例；n_2 表示与流态相关的常数，雷诺数越大，n_2 越大。H 指一定径向距离 r 处的最大流膜厚度，可由式（2.11）计算；$u_{\tau H}$ 表示水流表面切向速度。

螺旋分选机属于薄流膜选矿，槽面大部分区域为弱紊流，此时：

$$u_{\tau H}=\frac{n_2+1}{n_2}u_{\text{average}}\quad(2.18)$$

应力 $\partial\sigma_{\tau\tau}$、$\partial\tau_{n\tau}$、$\partial\tau_{b\tau}$ 可由式（2.19）~式（2.21）计算[16, 60, 67]：

$$\frac{\partial\sigma_{nn}}{\partial n} = \rho g\frac{d_Z}{d_n} \tag{2.19}$$

$$\frac{\partial\tau_{bn}}{\partial b} = \mu\frac{d_{u_n}^2}{d_{b^2}} \tag{2.20}$$

$$\frac{\partial\tau_{\tau n}}{\partial\tau} = \mu\frac{d_{u_n}^2}{d_{\tau^2}} \tag{2.21}$$

水流稳定后，径向流速在切向的速度视为不变，则

$$\frac{d_{u_n}^2}{d_{\tau^2}} = 0 \tag{2.22}$$

联立式（2.15）~式（2.22），结合流膜厚度表达式（2.11），可得径向速度表达式为

$$\frac{u_n}{T} = f_{(h/H,\ n_2)} \tag{2.23}$$

T、$f_{(h/H)}$ 可分别用式（2.24）和式（2.25）表示：

$$T = \frac{n_1^3}{\mu}\cdot r^{1.5}g^{2.5}\tan\beta^{2.5}(\cos\alpha)^2 \tag{2.24}$$

$$f_{(h/H,\ n_2)} = \left(\frac{n_2+1}{n_2}\right)^2\cdot\frac{n_2 Y}{4+2n_2}\cdot \left[\frac{n_2}{n_2+1}\left(Y^{(2+n_2)/n_2}+\frac{3n_2}{2+3n_2}\cdot\frac{Y}{2}-\frac{3n_2}{2+3n_2}\right)-1.5Y+1\right] \tag{2.25}$$

式中，T 为与螺旋分选机结构相关的参数，控制径向速度的大小；$f_{(h/H,\ n_2)}$ 为与流膜相对厚度、水流流态相关的参数，决定径向速度的方向。

2.3 基于多相流模型的流场数值模拟

2.3.1 数值模拟方法及计算域的选择

螺旋分选机内缘流膜太薄，通过实验手段测定其速度分布较为困难。计算流体力学的发展，使螺旋分选机流场的数值仿真成为可能，在许多工程应用中都显示出计算流体力学在预测真实流场时的优越性[130-132]。

Matthews 借鉴了水力学中对弯曲河道数值模拟的方法，认为螺旋分选机可以视为沿螺旋线弯曲的明渠流，可以引入气相，通过多相流模型，追踪气-液两相交界面，从而模拟出水流厚度、径向速度、切向速度在螺旋槽中的分布规律[28]。

此后，诸多学者就螺旋分选机中流场分布进行数值模拟，明确了螺旋分选机中流膜厚度的分布规律，定性分析了纵向速度分布，初步展示了径向环流的分布形式[28, 33, 114, 133, 134]。但是，径向速度强弱的表征、流态的分布情况以及结构参数对螺旋分选机流膜厚度、纵向速度、径向速度的影响规律仍未作探讨。本节数值试验的螺旋分选机几何模型见表 2. 1。

表 2. 1　螺旋分选机数值试验主要结构参数

序号	流量 $Q/m^3 \cdot h^{-1}$	横截面形状	横向倾角 $\gamma/(°)$	距径比 p/D	内径 r_1/mm	外径 r_0/mm
C_1	1. 5	椭圆型	17	0. 40	65	325
C_2	2. 0	椭圆型	17	0. 40	65	325
C_3	2. 5	椭圆型	17	0. 40	65	325
C_4	2. 0	立方抛物线	17	0. 40	65	325
C_5	2. 0	复合型	17	0. 40	65	325
C_6	2. 0	复合型	19	0. 40	65	325
C_7	2. 0	复合型	15	0. 40	65	325
C_8	2. 0	复合型	17	0. 37	65	325
C_9	2. 0	复合型	17	0. 34	65	325

已探明螺旋分选机内缘水流厚度低于 1mm，要模拟出薄流膜中的流场分布情况，尤其是速度场的分布情况，要求沿水流厚度方向有足够高的网格密度；但 5 圈的螺旋线长度高达 1000mm，过长的螺旋线将导致计算域网格数量巨大，需要占用更大的计算机资源。为了解决这一问题，目前有两种方案，一是对网格数量进行妥协，减小水流厚度方向上的网格密度；二是取部分螺旋槽，然后将每次模拟的出口数据提取出来，作为第二次模拟的入口数据，经过数次的循环，使流场趋于稳定。前者可以模拟多圈螺旋槽的流场分布，但由于减少了网格数量，计算精度较小；后者保证了网格数量，但模拟对象为一段螺旋槽，经数次循环模拟后，只能反映稳定后的流场分布情况，无法反映每一圈的流场分布情况。本节主要借鉴第二种方案，模拟水流在一圈螺旋槽中的运动，待水流充分在槽面铺展开后，将出口与入口设置为周期性边界条件，出口数据自动返回入口进行周期性循环模拟，继续模拟 5s，分析螺旋槽内流场的分布特点。

2. 3. 2　流场仿真数值处理

2. 3. 2. 1　网格独立性研究

数值模拟时，网格的数量对数值模拟的准确性具有重要影响。通常用网格独立性研究来找寻适宜的网格数量。本章中，采用ANSYS集合的ICEM网格划分模块，对计算域进行六面体结构化网格划分，通过控制径向、流膜厚度方向以及螺旋线方向的网格数量来控制计算域的总网格数量。由于螺旋槽内缘厚度在1mm左右，因此，靠近槽底的地方需要有足够的网格密度来保证数值模拟的精确性。本节中，靠近槽底的区域设有10层网格来确保数值模拟的准确性。经过网格独立性研究，在螺旋槽径向、流膜厚度方向以及螺旋线方向的网格数量分别168、32、120。计算域网格示意图如图2.4所示。

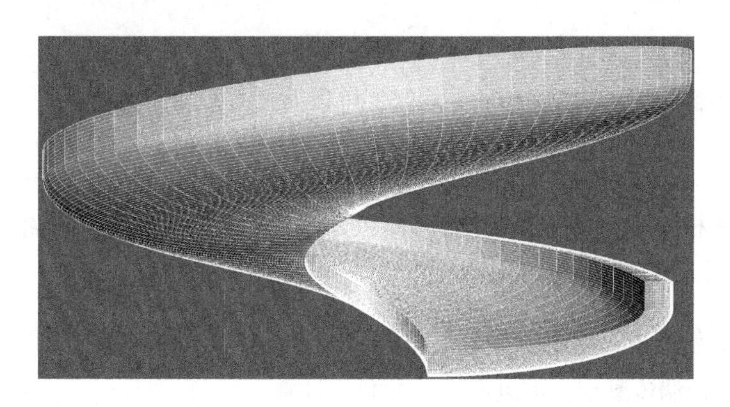

图2.4 计算域网格示意图

2.3.2.2 自由液面处理

Hirt and Nichols提出的多相流模型（volume of fluid，VOF），通过求解一套动量方程，任意相的密度、黏度是共用的，进而追踪每一相流体在计算域中的体积，常用来模拟两相或者多相流体混合问题[135]。通过多相流模型追踪螺旋槽气液两相交界面，可以获取螺旋槽中液体在每个单元网格中的体积，进而获取气液交界面，从而反映螺旋槽中的流场分布特性。

Youngs提出的几何重构法（geometric reconstruction）用于追踪气液交界面。几何重构法假定在每个单元网格中，气液交界面为一条直线，应用该方法在气液交界面的模拟中已取得了非常好的效果[136]。

2.3.2.3 求解器设置

Fluent软件提供压力基（pressure based）和密度基（density based）求解器。通常认为，密度基求解速度快，但需要的内存容量和计算量大，且适用于高速可压缩流体，压力基求解器则主要适用于低速不可压缩流体的求解。螺旋分选机内速度较低，因此本章采用压力基求解器进行数值模拟。

2.3.2.4　控制方程

气液两相的连续性方程可以由式（2.26）计算[33]：

$$\frac{\partial}{\partial t}(\alpha_1\rho) + \mathrm{div}(\alpha_1\rho\boldsymbol{u}) = 0 \tag{2.26}$$

式中，α_1 为体积分数；ρ 为密度；$\boldsymbol{u}$ 为相的速度。各相体积分数可由式（2.27）计算：

$$\sum_{q=1}^{n}\alpha_{1q} = 1 \tag{2.27}$$

式中，q 为相的个数；第 n 相的平均密度可以由式（2.28）计算：

$$\sum_{q=1}^{n}\alpha_{1_q}\rho = \rho_n \tag{2.28}$$

气液两相的动量方程依赖于各相体积分数、密度以及黏度，可由式（2.29）计算[28, 33]：

$$\frac{\partial}{\partial t}(\rho_n\boldsymbol{v}_n) + \nabla.(\rho\boldsymbol{v}_n\boldsymbol{v}_n) = -\nabla p + \nabla.[\mu_t(\nabla\boldsymbol{v}_n + \nabla\boldsymbol{v}_n{}^T)] + \rho\boldsymbol{g} + \boldsymbol{F} \tag{2.29}$$

式中，μ_t 表示湍流黏度，可以由式（2.30）计算：

$$\mu_t = \rho C_\mu k^2/\varepsilon \tag{2.30}$$

$\boldsymbol{F}$ 表示流体受力（force vector），可简化为[137]：

$$\boldsymbol{F} = 2\sigma_{ij}\rho\psi_i\nabla\alpha_i/(\rho_i + \rho_j) \tag{2.31}$$

式中，σ 表示表面系数。

针对常规流体，通常用于湍流模拟的模型有 standard $k-\varepsilon$ 模型，renormalization group（RNG）$k-\varepsilon$ 模型，shear-stress transport（SST）$k-\omega$ 模型以及 Reynolds-stress（RSM）模型，诸多文献对这 4 种模型做了详细的介绍[28, 31, 33, 112]。基于文献已报道的螺旋分选机流场模拟研究成果，本节选用 RNG $k-\varepsilon$ 模型，在精度有所保证的前提下，对计算机的要求相对较低[33]。

2.3.2.5　边界条件及计算区域初始化

对螺旋槽内的流体进行数值模拟时，将计算域视为水相和气相的混合相。计算域共分 4 个边界，分别为入口（inlet）、出口（outlet）、槽底（trough profile）、自由滑移平面（free-surface，全程与空气接触）。入口采用速度入口（velocity-inlet）边界条件，速度值由流量和入料面积决定；出口采用压力出口（pressure-outlet）边界条件，空气回流系数设为 1；槽底采用不可移动壁面条件；自由滑移平面设置为可移动壁面条件，且沿坐标轴的切向力设置为零；采用标准壁面函数处理靠近壁面的网格；槽面粗糙度设置为 0.5。

在进行数值计算前，需对流场进行初始化。初始状态时，计算域中全部充满空气；水流全部从入口边界进入螺旋槽，入口边界空气体积为零。当计算域中水流完全在槽面铺展后，将出口边界和入口边界设置为周期性循环边界，从而实现出口数据返回入口进行循环模拟功能，继续 5s，使流场在槽内分布较为稳定。

2.3.2.6 数值处理

本章所涉及模拟均在 ANSYS FLUENT 17.0 软件上进行，速度压力耦合采用 PISO（pressure-implicit with splitting of operators）非迭代算法；采用 PRESTO（pressure staggering option）进行压力插值；采用几何重构法（geo-reconstruct）追踪气液交界面；动量方程、湍流动能方程和湍流耗散率采用精度较高的对流项二阶迎风插值格式（quadratic upwind interpolation，QUICK）；时间步长设置为 0.0001s；当流体质量、速度、动能和能量耗散率残差均低于 10^{-3}时，视为计算收敛。模拟所采用的计算机条件为：8 核 Intel（R）Core（TM）i7-7700 HQ 2.80 GHz CPU、运行内存为 8G。

2.4 螺旋分选机流场特征

2.4.1 流膜厚度分布规律

本节中，螺旋分选机任意位置的流膜厚度定义为该位置下的竖直高度在法线方向上的投影，流膜厚度示意图如图 2.5（a）所示，其计算公式为：

$$H = H_r \times \cos\beta \tag{2.32}$$

式中，H_r 为在距中心轴位置为 r 时流膜的竖直高度；β 为在距中心轴位置为 r 时的横向倾角。

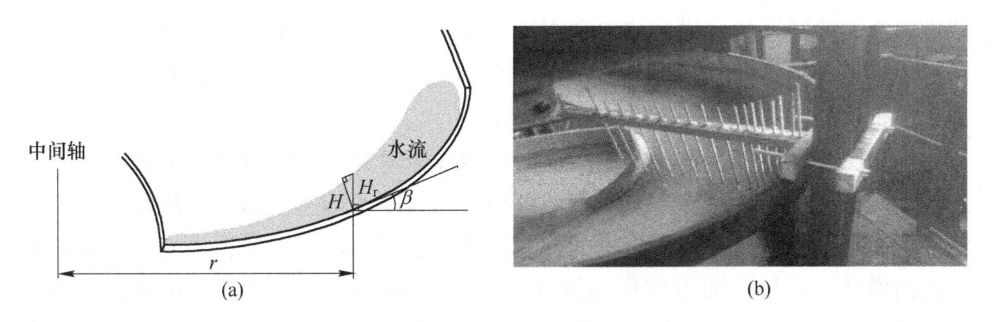

图 2.5 流膜厚度定义及流膜厚度测定装置

（a）流膜厚度定义；（b）流膜厚度测定装置

流膜厚度是螺旋分选机流场分布的宏观体现，便于实际测量，因此将流膜厚度作为数值模拟与实际测定值的验证标准。测定流膜厚度时，采用自制的实验装置（见图 2.5（b）），通过调整竖直探针的高度，测定位置 r 处自由液面和槽底的竖直高度 H_r，结合螺旋槽面形状计算横向倾角的余弦值，从而得出该位置的流膜厚度。测定表 2.1 中 C_1-C_3 螺旋分选机中的流膜厚度来验证数值模拟与式（2.11）准确性。

此外，为了更好地描述螺旋槽内的速度分布，在流场模拟后处理时，沿径向将槽面分为 12 个小槽，读取流经每个槽的流量与水流面积，通过流量与水流面积的比值来表征纵向平均速度；流膜相对厚度（Y），表示水流厚度 h_r 与该处最大水流厚度 H 的比值，用来描述沿流膜厚度方向的不同位置。流膜厚度、取样槽分布以及流膜相对厚度示意图如图 2.6 所示。

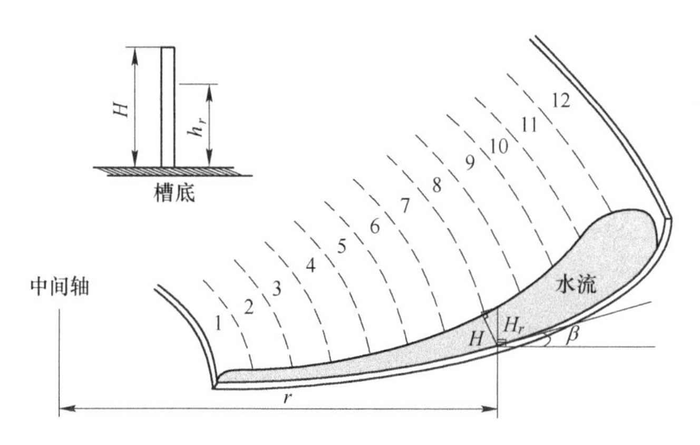

图 2.6　流膜厚度、取样槽分布以及流膜相对厚度示意图

基于表 2.1 中 C_1 螺旋分选机结构参数，由式（2.11）计算出的流膜厚度与实测的流膜厚度如图 2.7（a）所示。表 2.1 中 C_2 条件下的测试数据用于数值模拟准确性的验证。为了进一步验证周期性边界条件下模拟结果的准确性，对 5 圈的螺旋槽也进行了数值模拟。5 圈模拟时，流膜厚度沿径向的分布取各圈的平均值，模拟值与实际值如图 2.7（b）所示。

综合图 2.7 可以得出，流膜厚度沿径向逐渐增加，内缘流膜厚度较薄，靠近外缘流膜较厚；临近壁面时，受壁面影响，流膜厚度迅速变薄；水流厚度随流量的增加而增加，尤其是在螺旋槽的外缘区域；随着流量的增加，水流在槽面的铺展逐渐增宽；此外，随着流量的增加，最大流膜厚度的位置有向外缘偏移的趋势；同一径向位置处，流膜厚度随流量的增加而增加；流量对内缘流膜厚度的影响较小，对外缘流膜厚度的影响较为显著。

此外，由图 2.7 还可以发现，式（2.11）计算出的流膜厚度与实际值较为吻合，尤其是在内缘及中部区域；由于在对流体进行分析时，未考虑最外缘壁面对

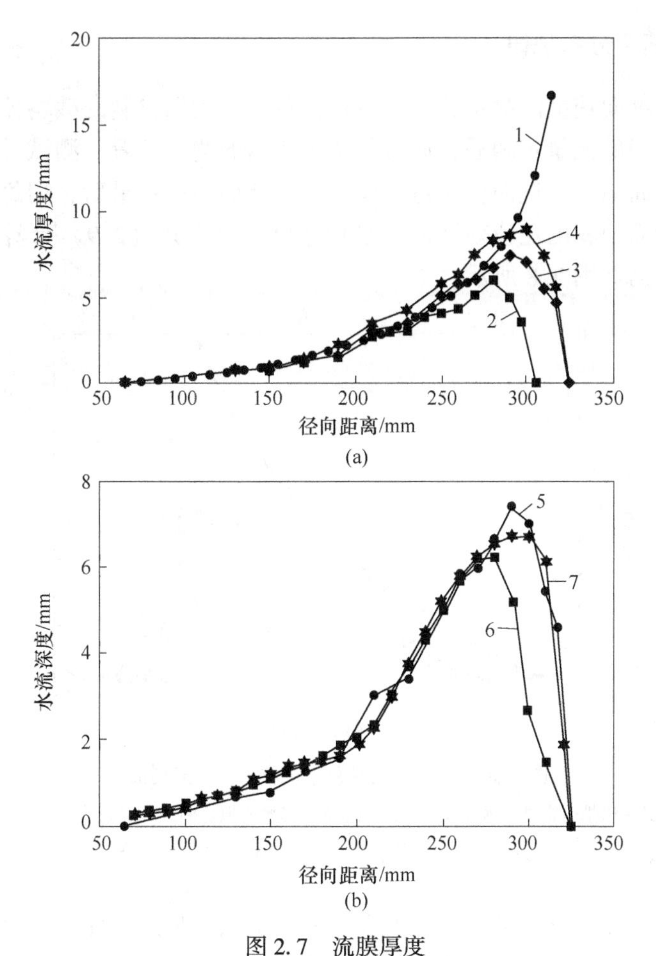

图 2.7 流膜厚度

(a) 计算值 VS 实测值；(b) 模拟值 VS 实测值

1—计算值；2—实测值：流量为 1.5m^3/h；3—实测值：流量为 2.0m^3/h；4—实测值：流量为 2.5m^3/h；5—实测值；6—模拟值：5 圈取平均值；7—模拟值：周期性边界条件

流体运动的影响，所以并不能预测外缘的水流厚度。基于多相流模型的数值模拟考虑了壁面对流体的影响，在外缘的模拟值也较为准确，如图 2.7（b）所示。由图 2.7 可知将螺旋分选机视为明渠流，利用多相流模型追踪气液交界面的方法可以得出水流沿槽面的分布规律，且对螺旋分选机采用 5 圈的模拟和采用 1 圈进行周期性模拟的结果与实测值相近，尤其是在内缘区域。相对来说，采用 1 圈进行周期性模拟的结果与实测数值更为接近。因此，本章采用周期性边界条件进行数值模拟。

2.4.2 纵向速度分布规律

本节中，纵向速度的测量分三步进行：首先，利用自制的截料器测定径向不同位置单位时间的流量；随后，通过图 2.5 所示的测定装置，测试并绘制出槽底曲线与自由液面曲线，进而估算每个槽的过流断面面积；最后，用每个取样点的流量与过流断面面积的比值表示纵向平均速度。基于式（2.9）计算的纵向平均速度与实测数据如图 2.8 所示。

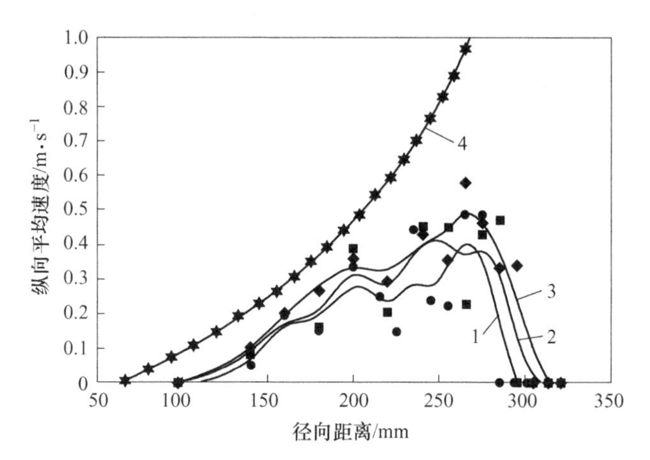

图 2.8 纵向平均速度：计算值 vs 实测值

1—实测值拟合曲线，流量为 1.5m³/h；2—实测值拟合曲线，流量为 2.0m³/h；3—实测值拟合曲线，流量为 2.5m³/h；4—计算值

由图 2.8 可知，纵向平均速度沿径向逐渐增加，临近壁面时，纵向平均速度变小；内缘及中部区域，纵向平均速度随流量的增加而增加；流量对内缘纵向平均速度的影响较小，对外缘纵向平均速度影响较为显著。由上述讨论可知，式（2.9）可以反映螺旋槽中纵向速度的分布规律，但式（2.9）并没有反映流量、螺距对纵向速度的影响，只能用于定性分析纵向速度沿径向的分布规律。

由流膜厚度的讨论可知，数值模拟时，考虑了壁面粗糙度以及外缘壁面对流体运动的阻碍作用，相对于理论公式，更贴近实际，可以用来对理论公式进行补充说明。图 2.9 表示基于数值模拟的纵向速度分布规律，由图 2.9 可知，纵向速度沿径向逐渐增加，内外缘有明显的速度差，与式（2.9）所反映的规律一致。

为了更准确描述纵向速度沿螺旋槽横截面的分布情况，基于图 2.6，研究了纵向速度在每个样品槽中间位置处沿流膜厚度方向的分布规律，如图 2.10 所示。图 2.10 表明，沿流膜厚度方向，纵向速度逐渐增加，靠近槽底区域的流体，纵向速度很小，且最大纵向速度沿径向逐渐增加。

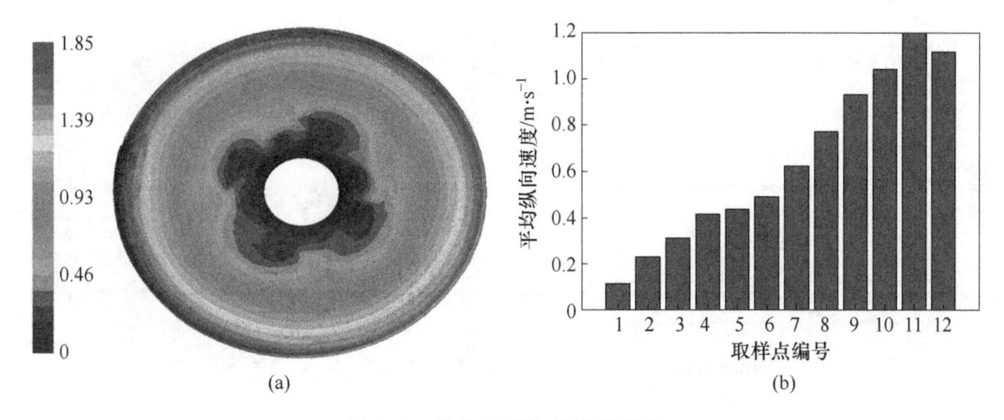

图 2.9 纵向速度数值模拟结果

(a) 纵向速度分布云图；(b) 纵向平均速度沿径向分布

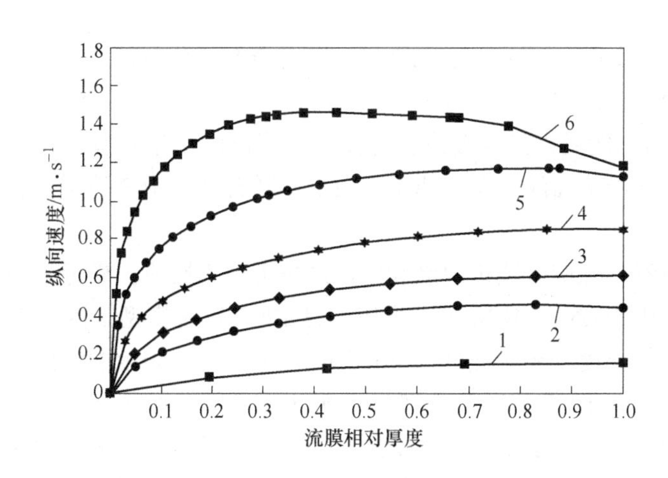

图 2.10 纵向速度沿流膜厚度方向分布

1—取样点 1；2—取样点 3；3—取样点 5；4—取样点 7；5—取样点 9；6—取样点 11

2.4.3 流态及湍流强度分布规律

在斜面流选矿中，紊流向层流转变的雷诺数下限为 300，上限为 1000 甚至 2000[19]。螺旋分选机作为一种典型的薄流膜选矿设备，研究雷诺数沿径向的分布有助于进一步明确螺旋分选机流场特性。目前对于螺旋分选机流态的分析中，多是通过测定纵向平均速度进而计算相应的雷诺数[22, 64, 138, 139]。式（2.13）可以便捷地计算出雷诺数沿螺旋槽径向的分布规律，如图 2.11（a）所示。

需要注意的是，理论公式未考虑最外缘壁面对流膜厚度、纵向速度的影响，导致外缘计算的雷诺数远高于 2000。为了便于描述雷诺数沿槽面的分布规律，图

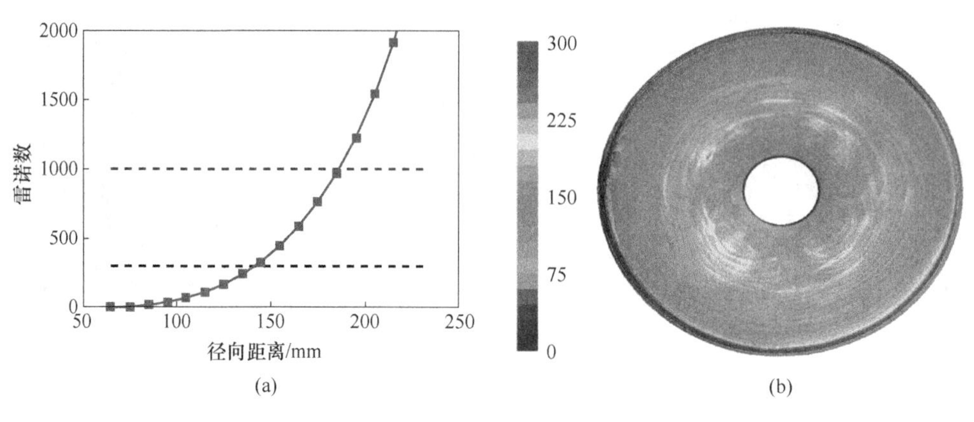

图 2.11 雷诺数径向分布规律
(a) 计算值；(b) 分布云图

2.11（a）只展示了径向距离低于225mm时雷诺数的分布情况。图2.11（b）分别表示数值模拟得出的雷诺数在螺旋槽面的分布云图。由图2.11可知，基于式(2.13）计算得出的雷诺数在数值上与模拟计算出的雷诺数有一定的差异，但二者反映的雷诺数沿槽面的分布规律是一致的，随着径向距离的增加，雷诺数也逐渐增加。

从雷诺数看，螺旋分选机内缘和中部区域可视为层流，靠近外缘壁面处可视为弱紊流。但由于在数值模拟时，采用的是RNG紊流模型，因而在整个横截面均有一定的湍流强度。湍流强度（turbulence intensity）表示湍流脉动速度与平均速度的比值。图2.12表示螺旋分选机中湍流强度的分布规律。由图2.12可知，约2/3的槽面湍流度低于0.1，相对较弱，说明煤用螺旋分选机湍流强度总体不高，但湍流强度随着径向位置的增加而增加，内外缘湍流强度差较大。

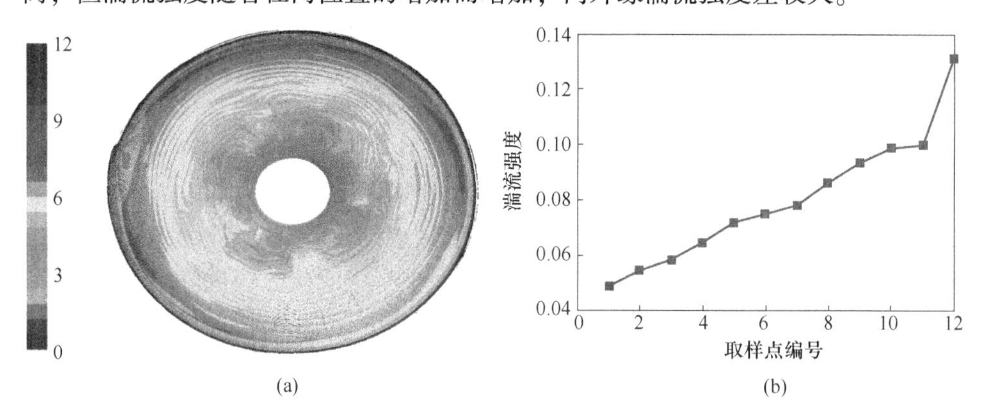

图 2.12 湍流强度
(a) 槽面分布云图；(b) 沿径向分布

2.4.4 压强梯度分布规律

由于螺旋分选机独特的流膜分布特点，压强梯度尤其是压强沿径向的梯度，对颗粒的径向分布也有着重要的影响。图 2.13 表示压强及径向压强梯度在螺旋分选机中的分布规律。

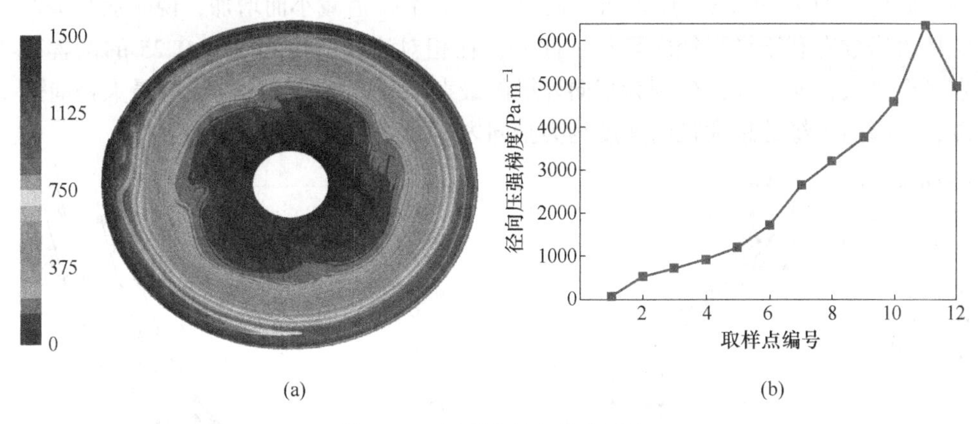

图 2.13 压强沿径向分布规律

(a) 总压；(b) 沿径向压强梯度

由图 2.13 可知，压强在螺旋槽中沿径向分布差异很大，内缘压强梯度较小，外缘压强梯度较大；随着径向距离的增加，径向压强梯度逐渐增加。

2.4.5 径向环流分布特征及形成机理

径向速度是螺旋分选机流场中一个非常重要的特征参数，但同时也最难以通过试验进行测定。Holtham 曾在槽底注入饱和高锰酸钾溶液做示踪液体，用示踪流体与螺旋线的偏移角度表征径向速度的大小[25]。高锰酸钾的注入速度过大将干扰流场分布，过小将造成高锰酸钾槽面分布不连续；用于注射高锰酸钾的探针针头必须与槽面形状贴合，从槽底插入探针后，探针不能在槽面有凸起。尽管该方法能够定性表征径向速度强弱，但操作难度较大。近年来，黄秀挺曾应用激光多普勒仪测定了螺旋分选机中的径向速度，针对实验室螺旋分选机，在螺旋分选机外缘，指向内缘的最大径向速度约为 0.1m/s，指向外缘的径向速度约为 0.3m/s[70]。对于螺旋槽内缘及中部区域径向速度的分布，黄秀挺未做讨论。由前述讨论已证明，螺旋分选机内缘流膜厚度低于 1mm，要测定径向速度在如此薄的流膜中的数值难度很大。通过动力学分析得出的式（2.23）则可以便捷地分析径向速度的分布规律。

利用 Matlab 对式（2.23）进行数值计算，得出径向速度沿流膜厚度方向的分布规律如图 2.14（a）所示。由图 2.14（a）可以看出，$h/H < 0.58$ 时，径向速度为正值，即沿主法线方向；$h/H > 0.58$ 时，径向速度为负值，即与主法线方向相反，与离心力方向相同。沿流膜厚度方向存在一个流速分界点，基于式（2.23）得出，该流速分界点的位置约为流膜厚度的 1/2，与 Holland-Batt、Holtham、卢继美得出的结论类似[14, 16, 25]，说明式（2.23）可以反映径向速度的分布规律。

此外，图 2.14（a）还表明，径向速度随着 n_2 值减小而增加，说明适当降低流体雷诺数有利于增强径向环流；此外，在相对流膜厚度为 1 和 0.25 的位置存在一个最大径向速度，分别为指向外缘的最大径向速度和指向内缘的最大径向速度，且指向外缘的最大径向速度约为指向内缘的最大径向速度的 3/2。

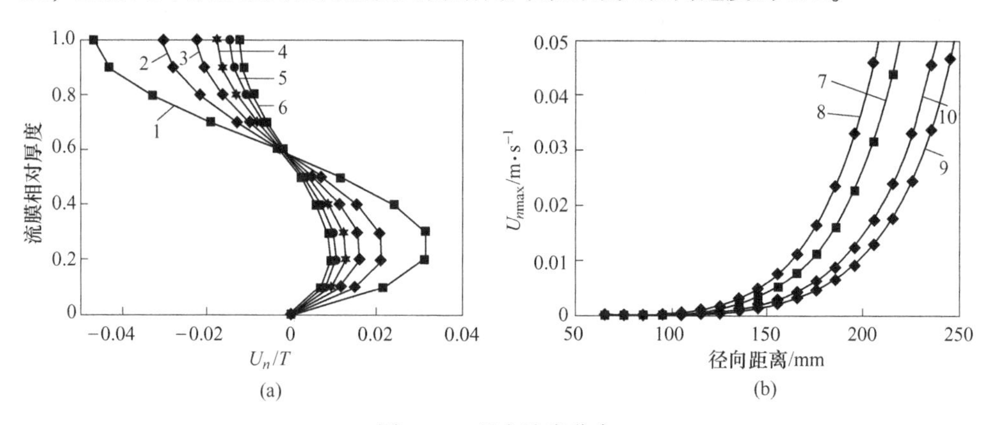

图 2.14 径向速度分布

（a）沿流膜厚度方向；（b）沿径向

1—$n_2=2$；2—$n_2=3$；3—$n_2=4$；4—$n_2=5$；5—$n_2=6$；6—$n_2=7$；7—$Y=0.25$，$n_2=2$；8—$Y=100$，$n_2=2$；9—$Y=0.25$，$n_2=5$；10—$Y=1.00$，$n_2=5$

结合式（2.23）可以得出最大径向速度沿径向的分布，如图 2.14（b）所示。由图 2.14（b）可以看出，最大径向速度随径向距离的增加而增加，且内缘径向速度极小；上层流体的最大径向速度大于下层流体的径向速度；径向速度随 n_2 值的减小而增加，即较低的紊流度有利于增强径向环流。

图 2.15（a）表示数值模拟得出的径向速度矢量图（径向位置 $r=230\sim325$mm）。由图 2.15 可知，利用 VOF 模型，采用周期性边界条件可以模拟出清晰的径向环流示意图，即上层水流指向外缘，下层水流指向槽的内缘，沿流膜厚度方向存在径向速度为零的面，即零速面。

为了更准确描述径向速度沿螺旋槽横截面的分布情况，基于图 2.6，研究了径向速度在每个样品槽中间位置处沿流膜厚度方向的分布规律，如图 2.15（b）所示。由图 2.15 可知，随径向距离的增加，最大径向速度也增加，且流速分界点在不同位置也不一样。

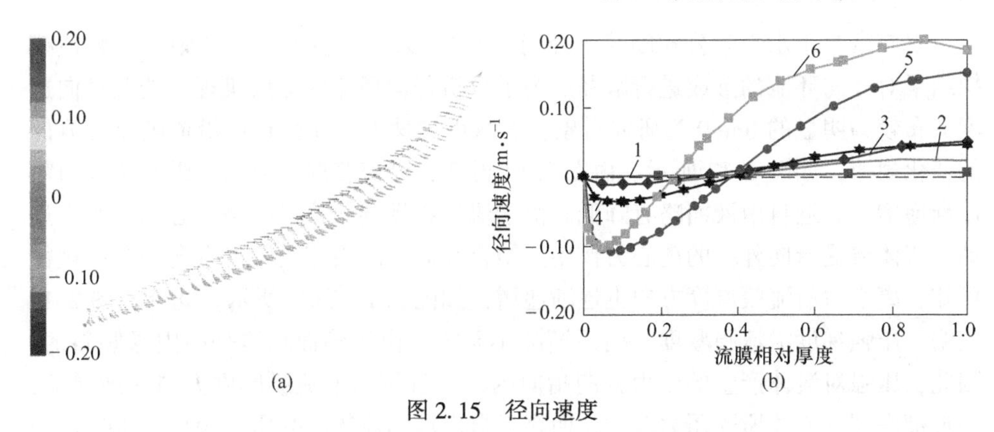

图 2.15 径向速度

(a) 速度矢量图，$r=230\sim325$mm；(b) 沿流膜厚度方向

1—取样点 1；2—取样点 3；3—取样点 5；4—取样点 7；5—取样点 9；6—取样点 11

由图 2.10 和图 2.15 (b)，可得出沿流膜厚度方向指向内缘的最大径向速度与指向外缘的最大径向速度、同一位置径向速度与纵向速度的量级关系，如图 2.16 所示。由图 2.16 (a) 可知，指向内缘的最大径向速度与指向外缘的最大径向速度的比值沿径向逐渐增加，说明随着径向距离的增加，下层径向速相对上层径向速度逐渐增加，但下层流体的最大径向速度仍低于上层最大径向速度的 1/3。由式 (2.23) 得出的该数值约为 3/5，二者有一定差距。黄秀挺基于激光多普勒仪测定的螺旋槽外缘下层流体最大径向速度与上层流体最大径向速度比值约在 0.25~0.3[70]，因此，数值模拟结果相对更为可靠。这可能是在对螺旋分选机中流体进行理论推导时，没有考虑壁面对流体运动的影响而造成计算值偏大。但总体而言，式 (2.23) 反映的规律与数值模拟结果是一致的。此外，由图 2.16 (b) 可知，最大径向速度不超过纵向速度的 1/5，总体来说，径向速度约为纵向速度的 3/50，径向速度远小于纵向速度。

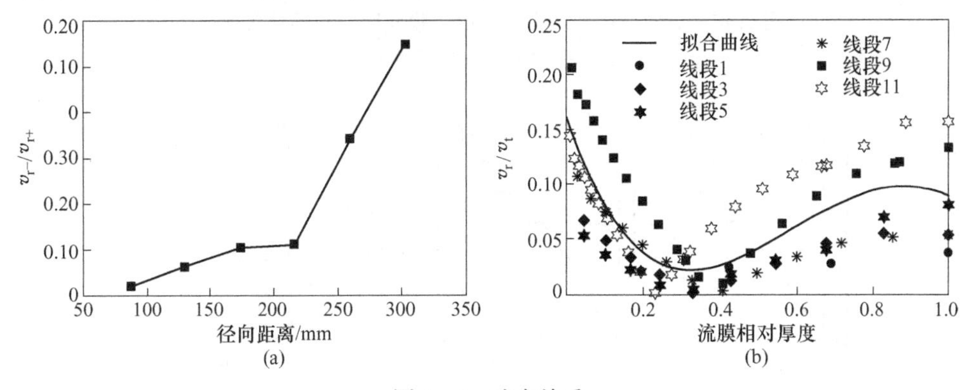

图 2.16 速度关系

(a) 负向最大径向速度与正向最大径向速度；(b) 径向速度与纵向速度

赵广富基于水力学公式阐述了径向环流的形成机理[17]，本节则基于数值模拟结果对径向环流的形成进行解释。为了分析径向环流的形成机理，选取径向速度分布较为明显的 line 9 为研究对象，提取纵向速度、压强梯度沿流膜厚度方向的变化规律，如图 2.17 所示。由图 2.17 可知，沿流膜厚度方向，纵向速度由零逐渐递增，靠近自由液面略有降低。由于流体在螺旋分选机中绕中心轴做离心运动，流体将受指向外缘的离心力作用。结合纵向速度沿流膜厚度方向的分布规律可知，离心力沿流膜厚度方向也逐渐递增，如图 2.18（a）所示。此外，图 2.17 表明，压强梯度沿流膜厚度方向逐渐减小至零。由于槽面总体是向内缘倾斜的，因此，压强对流体产生的压力方向指向内缘，且压力沿流膜厚度方向逐渐递减，靠近槽底部分流体所受压力较大，而靠近自由液面流体所受压力较小，如图 2.18（b）所示。综合离心力和压力可得，上层流体合力指向外缘而下层流体合力指向内缘（见图 2.18（c）），促使上层流体向外缘运动，下层流体向内缘运动。由于流体的连续性，在螺旋槽的外缘和内缘将产生竖直的下降流和上升流，从而形成径向环流。由径向环流的形成机理可知，增大沿流膜厚度方向的压强差和速度差，是增强径向环流的关键手段。

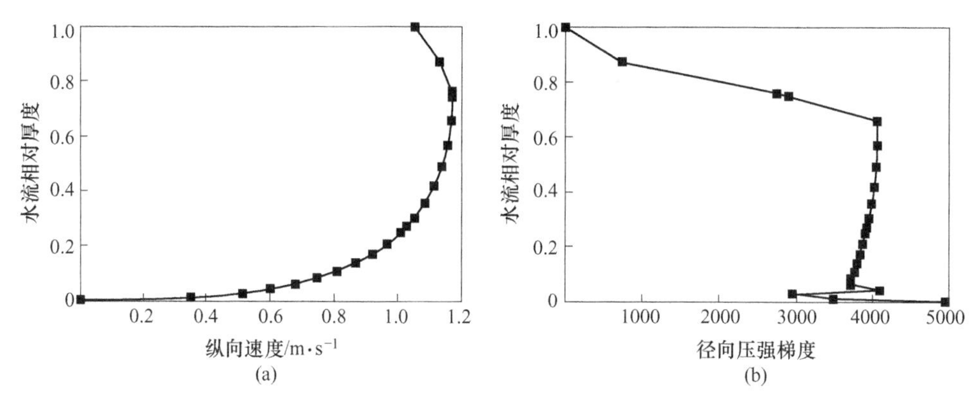

图 2.17　纵向速度和压强梯度沿流膜厚度方向的分布规律

（a）纵向强度；（b）压强梯度

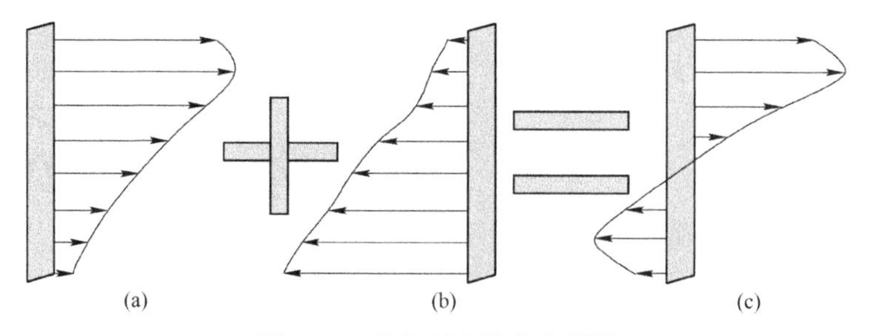

图 2.18　径向环流形成示意图

（a）离心力沿流膜厚度分布；（b）压力沿流膜厚度分布；（c）合力沿流膜厚度分布

2.5 结构参数及流量对螺旋分选机流场特征的影响

2.5.1 流膜厚度

结构参数及流量对螺旋分选机流膜厚度的影响如图 2.19 所示。总体而言，结构参数及流量主要影响外缘的水流厚度，对内缘水流厚度的影响较小。

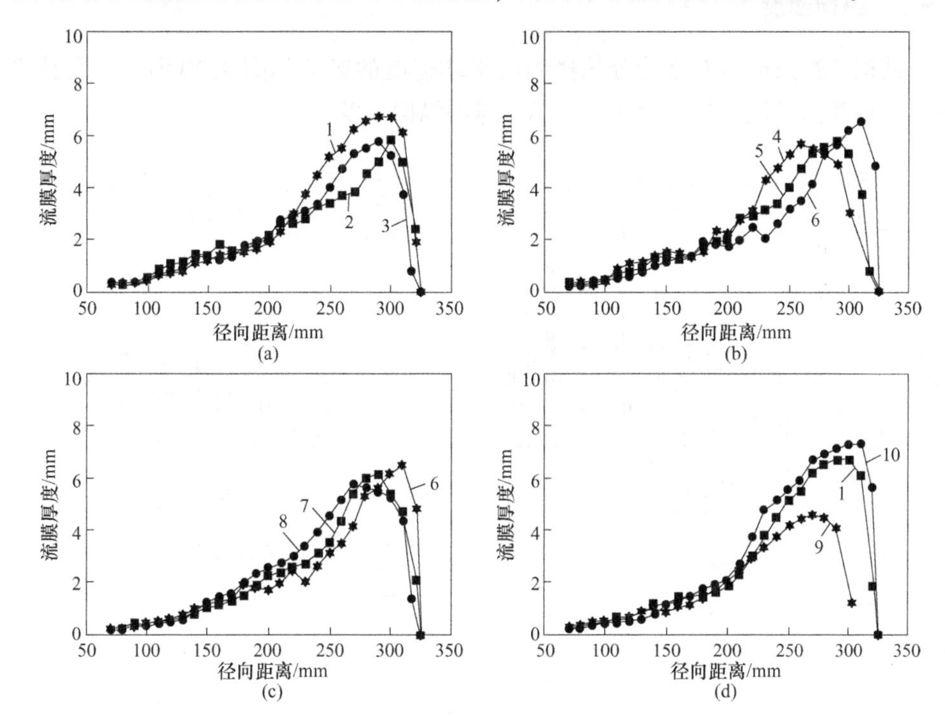

图 2.19 结构参数及流量对水流厚度的影响

（a）横截面类型对流膜厚度的影响；（b）横向倾角对流膜厚度的影响；

（c）距径比对流膜厚度的影响；（d）流量对流膜厚度的影响

1—$P/D=0.40$，$\lambda=17°$，椭圆型 $Q=20\text{m}^3/\text{h}$；2—$P/D=0.40$，$\lambda=17$；立方机构线型，$Q=2.0\text{m}^3/\text{b}$；3—$P/D=0.40$，$\lambda=17°$，复合型，$Q=2.0\text{m}^3/\text{h}$；4—$P/D=0.40$，$\lambda=19°$，复合型，$Q=2.0\text{m}^3/\text{h}$；5—$P/D=0.4$，$\lambda=17°$，复合型，$Q=2.0\text{m}^3/\text{h}$；6—$P/D=0.40$，$\lambda=15°$，复合型，$Q=2.0\text{m}^3/\text{h}$；7—$P/D=0.37$，$\lambda=15°$，复合型，$Q=2.0\text{m}^3/\text{h}$；8—$P/D=0.34$，$\lambda=15°$，复合型，$Q=2.0\text{m}^3/\text{h}$；9—$P/D=0.40$，$\lambda=17°$，椭圆型，$Q=1.5\text{m}^3/\text{h}$；10—$P/D=0.40$，$\lambda=17°$，椭圆型，$Q=2.5\text{m}^3/\text{h}$

由图 2.19（a）可知，椭圆形横截面外缘流膜较厚，立方抛物线次之，复合型截面在外缘的流膜最薄；横截面形状对内缘流膜厚度的影响与对外缘的影响规律相反。由图 2.19（b）可知，在最外缘，最大流膜厚度随着横向倾角的增加而减小，且最大流膜厚度的位置有向内缘偏移的趋势；在中部区域及内缘区域，流膜厚度随着横向倾角的增加而增加，越靠近外缘，流膜厚度增加的趋势越明显。

由图 2.19（c）可知，随着距径比的增大，最大流膜厚度也增加，最大流膜厚度出现的位置向外移动，内缘、中部区域流膜厚度随着距径比的增大而减小。由图 2.19（d）可知，流量增加，螺旋分选机中各处的流膜厚度也增加，但中部和内缘区域增加不明显，外缘流膜厚度受流量的影响较大。

2.5.2　纵向速度

结构参数及流量对螺旋分选机纵向平均速度的影响如图 2.20 所示。总体而言，结构参数及流量主要影响螺旋槽外缘的纵向速度。

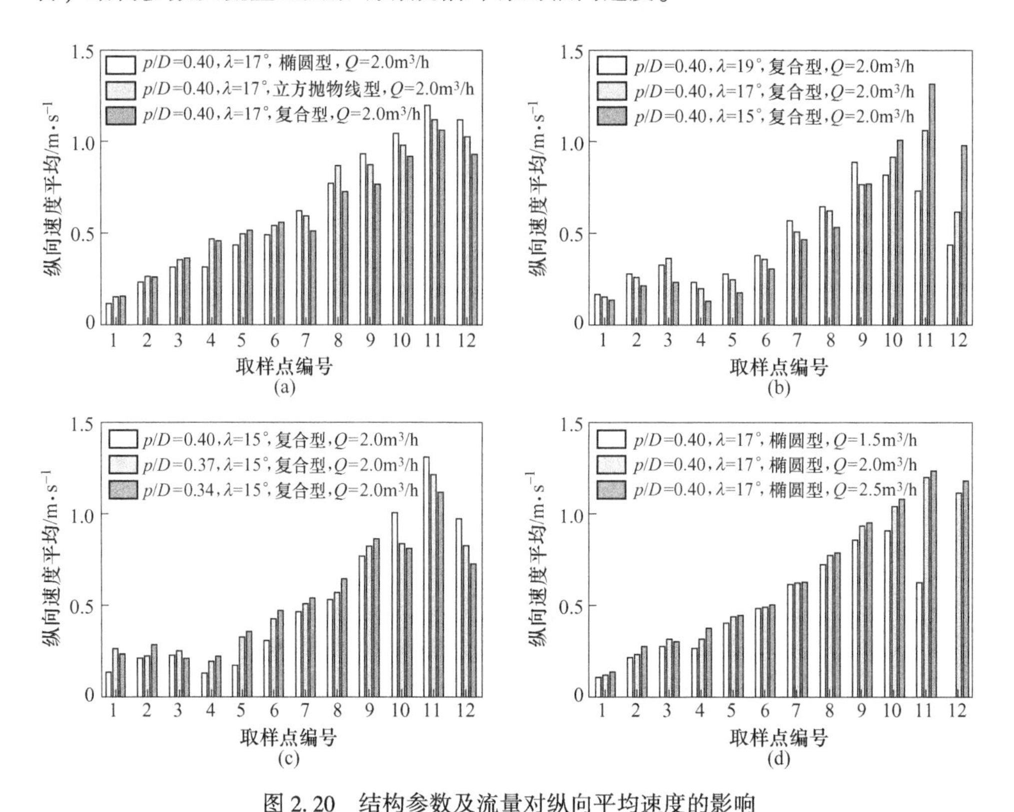

图 2.20　结构参数及流量对纵向平均速度的影响

（a）横截面类型对纵向平均速度的影响；（b）横向倾角对纵向平均速度的影响；（c）距径比对纵向平均速度的影响；（d）流量对纵向平均速度的影响

由图 2.20（a）可知，椭圆形槽面在外缘具有更大的纵向平均速度，立方抛物线次之，复合型槽面在外缘的纵向速度相对最小；在中部和内缘区域，立方抛物线和复合型槽面具有更大的纵向速度。由图 2.20（b）可知，横向倾角对纵向速度影响较大，随着横向倾角的降低，外缘纵向速度显著增加，内缘纵向速度则随着横向倾角的增加而增加。由图 2.20（c）可知，距径比对纵向速度影响较大，外缘纵向速度随距径比的增大而增大，内缘纵向速度随距径比的增大而减小。由图 2.20（d）可知，纵向速度随流量的增加而增加；流量越大，外缘最大径向速度也越大。

2.5.3　湍流强度

图 2.21 表示结构参数及流量对螺旋分选机中湍流强度的影响情况。由图 2.21 可知，总体来看，结构参数对螺旋槽内湍流强度的影响较为显著，流量对螺旋槽内湍流强度影响较小。

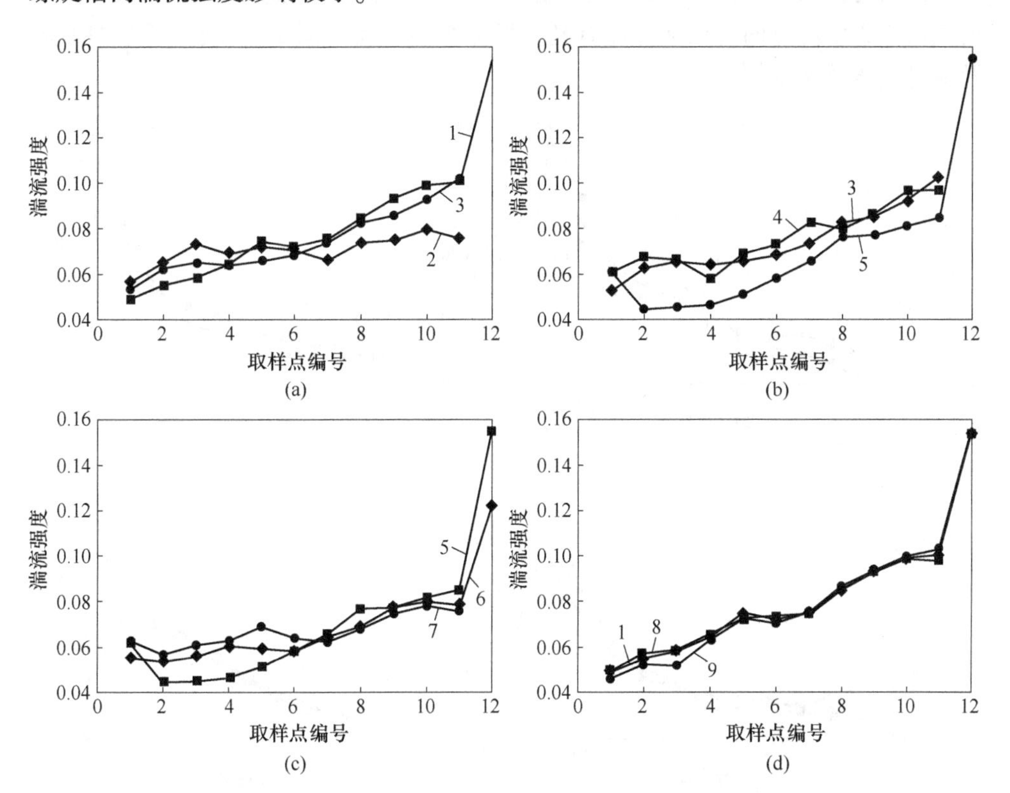

图 2.21　结构参数及流量对湍流强度的分布

（a）横截面类型对湍流强度的影响；（b）横向倾角对湍流强度的影响；

（c）距径比对湍流强度的影响；（d）流量对湍流强度的影响

1—$r/D=0.4$，$\lambda=17°$，椭圆型，$Q=2.0\text{m}^3/\text{h}$；2—$P/D=0.4$，$\lambda=17°$；立方抛物线型，$Q=2.0\text{m}^3/\text{h}$；

3—$P/D=0.4$，$\lambda=17°$，复合型，$Q=2.0\text{m}^3/\text{h}$；4—$P/D=0.4$，$\lambda=19°$，复合型，$Q=2.0\text{m}^3/\text{h}$；

5—$P/D=0.4$，$\lambda=15°$，复合型，$Q=2.0\text{m}^3/\text{h}$；6—$P/D=0.37$，$\lambda=15°$，复合型，$Q=2.0\text{m}^3/\text{h}$；

7—$P/D=0.34$，$\lambda=15°$，复合型，$Q=2.0\text{m}^3/\text{h}$；8—$P/D=0.40$，$\lambda=17°$，椭圆型，$Q=1.5\text{m}^3/\text{h}$；

9—$P/D=0.40$，$\lambda=17°$，椭圆型，$Q=2.5\text{m}^3/\text{h}$

由图 2.21（a）可知，椭圆型槽面在中部及外缘位置，湍流强度相对比较大，内缘湍流强度相对较弱；立方抛物线槽面与之相反，在内缘湍流强度较大，在外缘湍流强度相对不够明显；复合型槽面则介于二者之间。由图 2.21（b）可知，内缘及中部区域湍流强度随横向倾角的增加而增大，外缘湍流强度随横向倾角的增大而减小；由图 2.21（c）可知，内缘湍流强度随距径比的降低而增加，外缘湍流强度则随距径比的增加而增加。由图 2.21（d）可知，流量对螺旋分选机中湍流强度的影响不大，但在最外缘，湍流强度随流量的增加而增加。

2.5.4 压强梯度

由前述讨论可知，压强梯度是螺旋分选机中径向环流形成的重要因素之一。增大沿流膜厚度方向的压强梯度有利于增强径向环流。图 2.22 表示了结构参数及流量对压强梯度的影响。

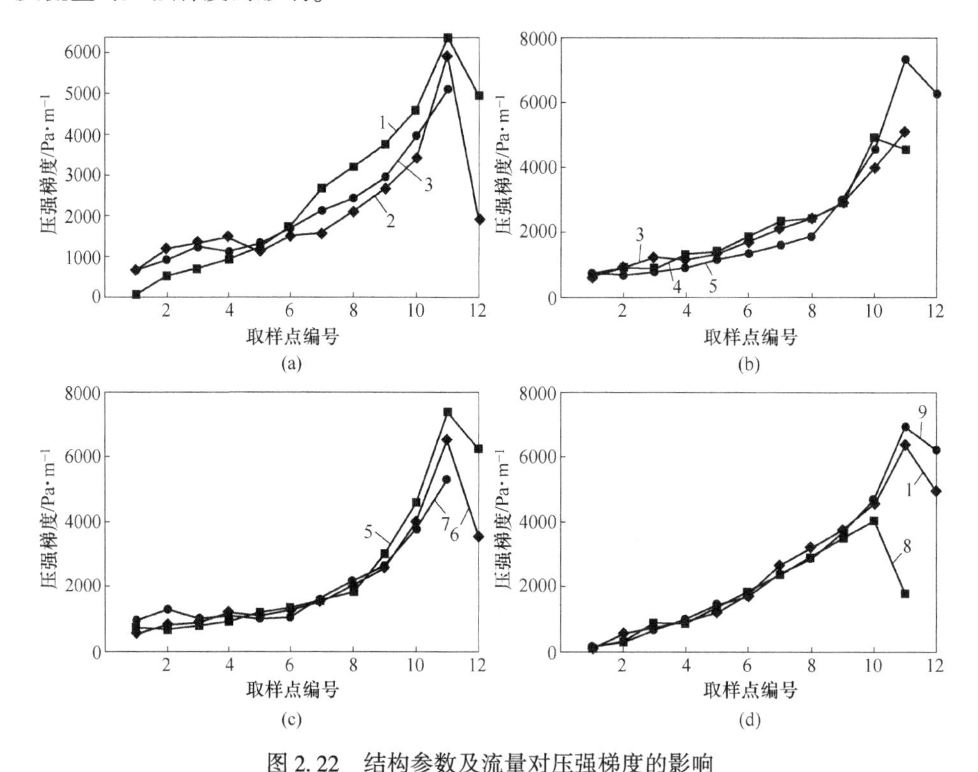

图 2.22 结构参数及流量对压强梯度的影响

（a）横截面类型对压强梯度的影响；（b）横向倾角对压强梯度的影响；（c）距径比对压强梯度的影响；（d）流量对压强梯度的影响

1—$P/D=0.4$，$\lambda=17°$，椭圆型，$Q=2.0\mathrm{m^3/h}$；2—$P/D=0.4$，$\lambda=17°$；立方抛物线型，$Q=2.0\mathrm{m^3/h}$；3—$P/D=0.4$，$\lambda=17°$，复合型，$Q=2.0\mathrm{m^3/h}$；4—$P/D=0.4$，$\lambda=19°$，复合型，$Q=2.0\mathrm{m^3/h}$；5—$P/D=0.4$，$\lambda=15°$，复合型，$Q=2.0\mathrm{m^3/h}$；6—$P/D=0.37$，$\lambda=15°$，复合型，$Q=2.0\mathrm{m^3/h}$；7—$P/D=0.34$，$\lambda=15°$，复合型，$Q=2.0\mathrm{m^3/h}$；8—$P/D=0.40$，$\lambda=17°$，椭圆型，$Q=1.5\mathrm{m^3/h}$；9—$P/D=0.40$，$\lambda=17°$，椭圆型，$Q=2.5\mathrm{m^3/h}$

由图 2.22（a）可知，椭圆型槽面内缘压强梯度较小而外缘压强梯度较大，立方抛物线型槽面内缘压强梯度较大而外缘压强梯度较小；复合型槽面内外缘的压强梯度则处于椭圆型和立方抛物线型槽面压强梯度之间。由图 2.22（b）可知，外缘压强梯度随横向倾角的减小而增大，但内缘及中部区域压强梯度则随着横向倾角的增加而增加；由图 2.22（c）可知，总体而言，增大距径比可以增大外缘的压强梯度，但同时也会减小内缘的压强梯度；由图 2.22（d）可知，流量对螺旋分选机内缘和中部区域的压强梯度影响较小，外缘压强梯度随着流量的增加而增加。

2.5.5　径向速度

结构参数及流量对径向环流速度分界点的影响如图 2.23 所示。总体而言，外缘的径向环流在各参数条件下较为稳定，且速度临界点是流膜厚度的 1/3~3/5 之间，内缘径向环流分布相对不够稳定，可能是由于内缘流膜厚度太薄，模拟误差较大。

由图 2.23（a）可知，相对于立方抛物线和复合型槽面，在椭圆形槽面中，径向环流分布范围更广，立方抛物线中径向环流分布范围最窄。由图 2.23（b）可知，横向倾角对径向环流的分布有较大影响，在数值试验范围内，适当增加横向倾角可以增加零速分界点的高度，过高的横向倾角将增加径向环流的分布范围，导致外缘零速分界点高度降低。由图 2.23（c）可知，外缘零速分界点位置随距径比的降低而增大。相较于常规煤用螺旋分选机 0.4 距径比，继续降低距径比有利于增加径向环流的分布范围。由图 2.23（d）可知，流量对径向环流的分布范围影响较小，零速分界点位置随流量的增加而增加。

径向环流强弱对矿物颗粒的分选具有重要影响，目前还未有明确的用于评定径向环流强弱的参数。考虑到由纵向速度引起的离心力和径向速度引起的水流推力对颗粒沿径向的分布均有较大影响，本节提出用径向速度与切线速度的比值（v_r/v_t）来表征水流径向推力和离心力的相对大小，比值越大，颗粒受径向环流作用越强。鉴于螺旋槽外缘在各参数条件下均有较为稳定的分布，为了进一步分析设计参数对径向环流强弱的影响，以 9 号槽数值模拟结果为例分析结构参数对径向环流强弱的影响。

结构参数对 line 9 径向速度及径向环流强弱的影响如图 2.24 所示。由图 2.24（a）和（b）可知，在螺旋槽外缘，椭圆型槽面径向速度、径向环流强度均大于复合型槽面，立方抛物线型槽面中，径向速度和径向环流强度最小；由图 2.24（c）和（d）可知，在复合型槽面外缘，径向环流速度和径向环流强度均随横向倾角的增加而增大；由图 2.24（e）和（f）可知，在复合型槽面外缘，径向环流速度和径向环流强度均随距径比的减小而增大。

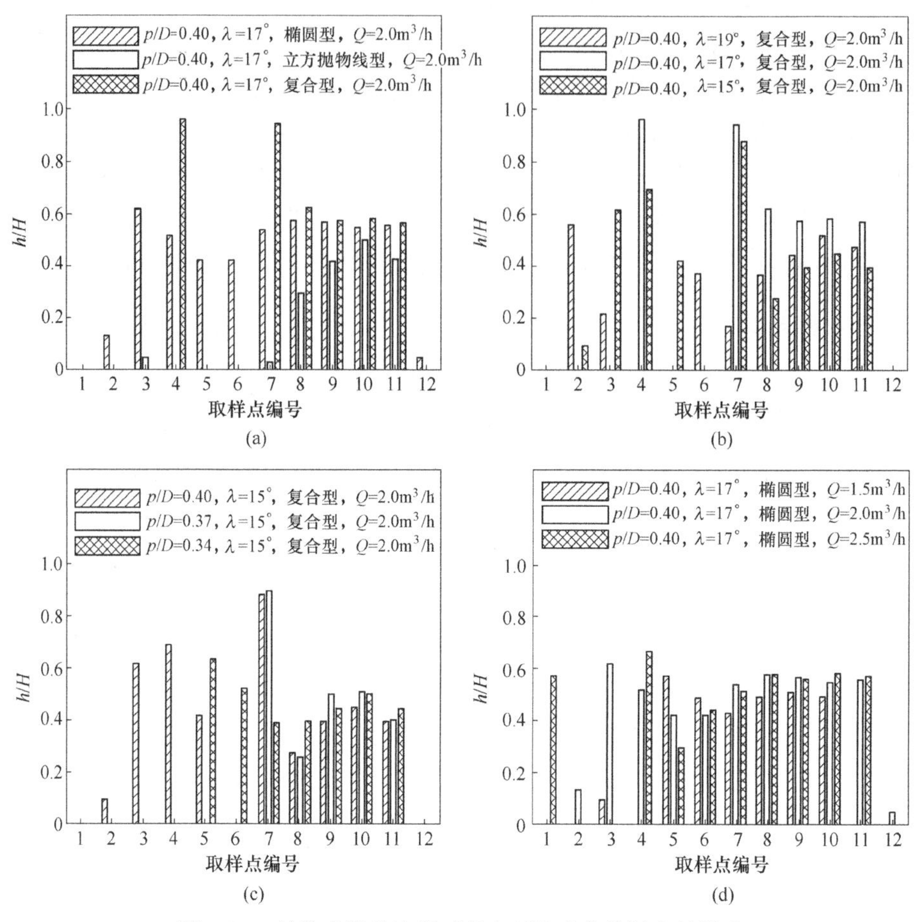

图 2.23 结构参数及流量对径向环流速度分界点的影响

(a) 横截面类型对径向环流速度分界点的影响；(b) 横向倾角对径向环流速度分界点的影响；
(c) 距径比对径向环流速度分界点的影响；(d) 流量对径向环流速度分界点的影响

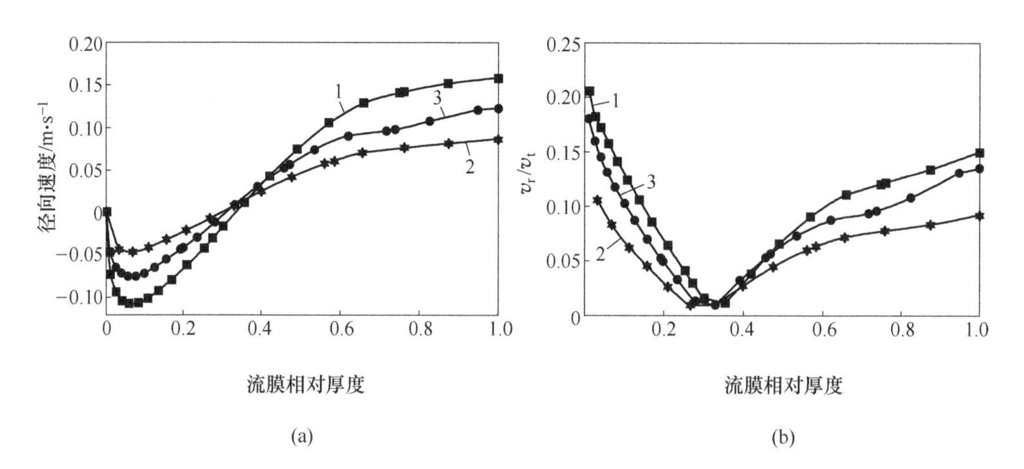

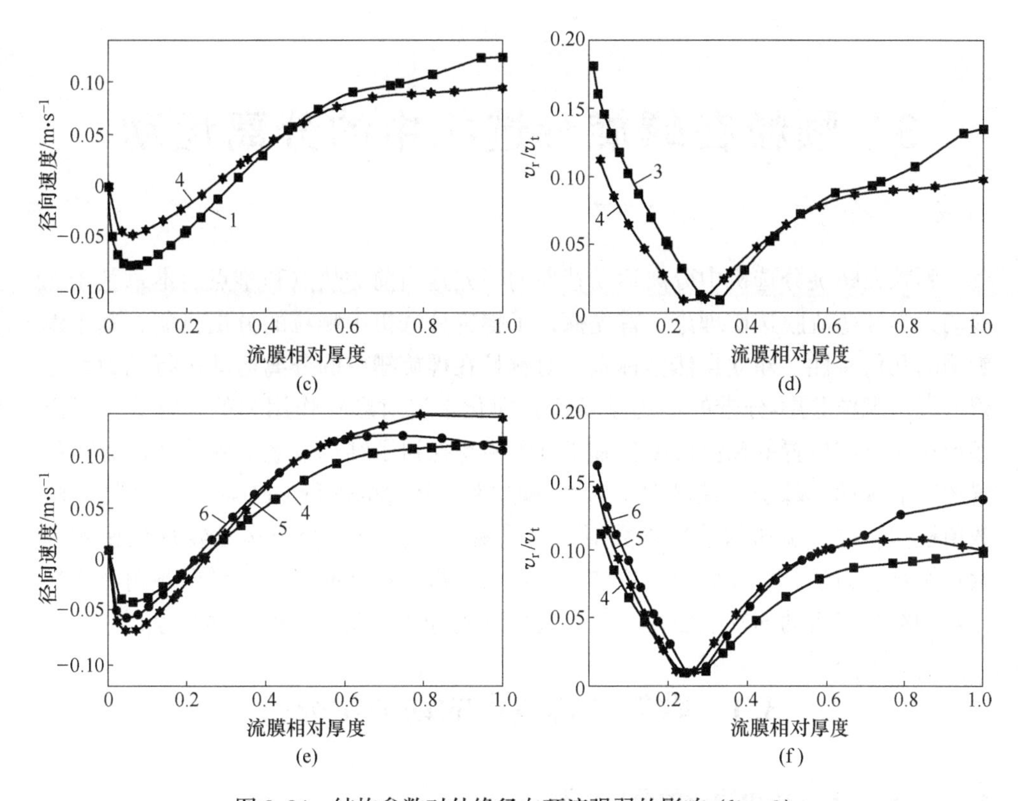

图 2.24　结构参数对外缘径向环流强弱的影响（line 9）

（a）横截面类型对径向速度分布的影响；（b）横截面类型对 v_r/v_t 的影响；

（c）横向倾角对径向速度分布的影响；（d）横向倾角对 v_r/v_t 的影响；

（e）距径比对径向速度分布的影响；（f）距径比对 v_r/v_t 的影响

1—$P/D=0.4$，$\lambda=17°$，椭圆型，$Q=2.0\mathrm{m^3/h}$；2—$P/D=0.4$，$\lambda=17°$，立方抛物线型，$Q=2.0\mathrm{m^3/h}$；

3—$P/D=0.4$，$\lambda=17°$，复合型，$Q=2.0\mathrm{m^3/h}$；4—$P/D=0.4$，$\lambda=15°$，复合型，$Q=2.0\mathrm{m^3/h}$；

5—$P/D=0.37$，$\lambda=15°$，复合型，$Q=2.0\mathrm{m^3/h}$；6—$P/D=0.34$，$\lambda=15°$，复合型，$Q=2.0\mathrm{m^3/h}$

3 颗粒在螺旋分选机中的分离运动

颗粒在螺旋分选机中分离运动特性的研究是当前的热点和难点。本章基于泥沙动力学和薄流膜选矿理论，首先探讨了螺旋分选机中颗粒的分层机制，基于螺旋槽的几何特性，建立自然坐标系，对颗粒在螺旋槽中的分离运动进行动力学分析，揭示颗粒分层-分带的动力学条件；简化水流对颗粒作用力的计算式，提出颗粒径向分布位置的预测模型；基于预测模型探讨了结构参数对颗粒径向分布位置的影响规律；基于示踪试验，对 2 圈的螺旋分选机进行 CFD-EDEM 场耦合法数值模拟，进一步揭示结构参数对颗粒在螺旋分选机中分离运动特性的影响因素；综合动力学分析和数值模拟结果，重点分析了横截面形状、横向倾角和距径比对颗粒分离运动的影响规律，为螺旋分选机分选密度的调控提供参考。

3.1 螺旋分选机理的动力学分析

3.1.1 螺旋分选机中颗粒的分层机制

由泥沙动力学理论可知，+0. 03mm 的颗粒，在流体中分布不均匀，越靠近槽体，浓度越大[140]。由第 1 章的讨论可知，螺旋分选机处理粒度通常在 0. 1mm 以上，因此，螺旋分选机中悬浮颗粒的浓度和粒度沿流膜厚度方向是变化的，越靠近槽底，矿浆浓度越大；因此，螺旋分选机中，颗粒在螺旋槽外缘非槽底区域为稀相分布，在螺旋槽内缘及外缘槽底区域为稠相分布。

在螺旋槽外缘非槽底区域，颗粒浓度相对较低，流膜较厚，可以创造较好的沉降环境，可以认为在该区域颗粒按沉降速度差理论实现分层。相同粒度条件下，高密度颗粒沉降末速大，沉于下层，低密度颗粒沉降末速小，则浮于上层，从而实现颗粒间的分层。

在螺旋槽内缘及外缘槽底区域，颗粒受剪切力作用产生一个垂直剪切面的分散压，形成向上的托举力。分散压的大小达到颗粒的重力时，促使该区域的低密度颗粒浮于上层，形成悬浮状态，颗粒受到的分散压力称为拜格诺力，这就是著名的拜格诺剪切松散原理[19, 72]。

拜格诺将颗粒的剪切方式分为惯性剪切和黏性剪切两类[141]。前者在高剪切率下发生，颗粒的惯性起主导作用，剪切力与剪切率的平方呈正比；后者在低剪切率下发生，流体黏性因颗粒的存在而提高，流体黏性起主导作用，剪切力与剪切率成正比。

理论上，不同粒度、不同密度的颗粒沿流膜厚度方向上的拜格诺力均不等，但由于矿浆中颗粒众多，要分析出拜格诺力与粒度等的关系式是非常难的。基于此，Holtham 提出用无因次准数 N 判断剪切类型[22, 74, 81]：

$$N = \frac{\xi^{0.5}\rho_s d_s^{\ 2}}{\mu}\frac{dU}{dh} \tag{3.1}$$

式中，$\frac{dU}{dh}$ 表示速度梯度；ξ 表示线性浓度，与容积浓度 C 存在如下关系：

$$\frac{1}{\xi} = \left(\frac{C_{max}}{C}\right)^{1/3} - 1 \tag{3.2}$$

式中，C_{max} 为静置时的最大容积浓度，对于等径球体 $C_{max} = 0.74$，对于一般圆滑但粒度均匀的颗粒 $C_{max} = 0.65$。

当 $N < 40$ 时，属于完全黏性剪切；当 $N > 450$ 时，属于完全惯性剪切；$N = 40 \sim 450$ 之间时，为过渡状态。

两种剪切下，拜格诺力可表示为：

$$F_{bg} = \begin{cases} 0.0406\rho_s\ (\xi d_s)^2 \left(\frac{dU}{dh}\right)^2 & \text{惯性剪切} \\ 2.933\mu\ \xi^{1.5}\frac{dU}{dh} & \text{黏性剪切} \end{cases} \tag{3.3}$$

由式（3.3）可知，无论是惯性剪切还是黏性剪切，线性浓度越大，拜格诺力越大。因此，在螺旋分选机中，拜格诺力主要在内缘及外缘槽底区域起作用。

3.1.2 基于自然坐标系的颗粒动力学分析

颗粒在螺旋分选机中主要受以下几个力作用：

（1）重力 G：

$$G = \frac{\pi\, d^3 g(\rho_p - \rho_l)}{6} \tag{3.4}$$

式中，d 为颗粒直径，m；g 为重力加速度，m/s^2；ρ_p 为矿物密度，g/cm^3；ρ_l 为流体密度，g/cm^3。

（2）离心力 F_c：

$$F_c = \frac{\pi d^3(\rho_p - \rho_l) \times v_p^2\ (\cos\alpha)^2}{6r} \tag{3.5}$$

式中，r 为径向距离，m；v_p 为颗粒的纵向速度，m/s。

（3）颗粒在流体中运动时所受的阻力 F_l。介质阻力可用通式表示为：

$$F_1 = \varphi u^2 d^2 \rho_p \tag{3.6}$$

式中，φ 为阻力系数，与雷诺数有关；u 为颗粒的相对速度；d 为颗粒直径。

假定颗粒在自然坐标系不同方向上的阻力系数一致，则颗粒所受的介质阻力主要与颗粒在切向、法线方向的相对速度相关。

（4）摩擦力 F_f。通常认为，靠近槽底的颗粒所受的摩擦力较大，而悬浮颗粒受床层的摩擦力较小。为了便于分析，颗粒在螺旋槽中的摩擦力统一表征为：

$$F_f = fF_N \tag{3.7}$$

式中，f 为摩擦系数；F_N 为槽面对颗粒的支持力。颗粒运动平衡时，径向位移可视为不变，摩擦力方向与切线方向相反。

（5）拜格诺力。由前述讨论可知，拜格诺力主要存在于螺旋槽内缘及外缘槽底部分，外缘非槽底部分拜格诺力视为零。拜格诺力计算可由式（3.3）计算。

结合螺旋槽的空间三维结构，建立自然坐标系对颗粒进行动力学分析。颗粒在自然坐标系中的受力情况如图 3.1 所示。

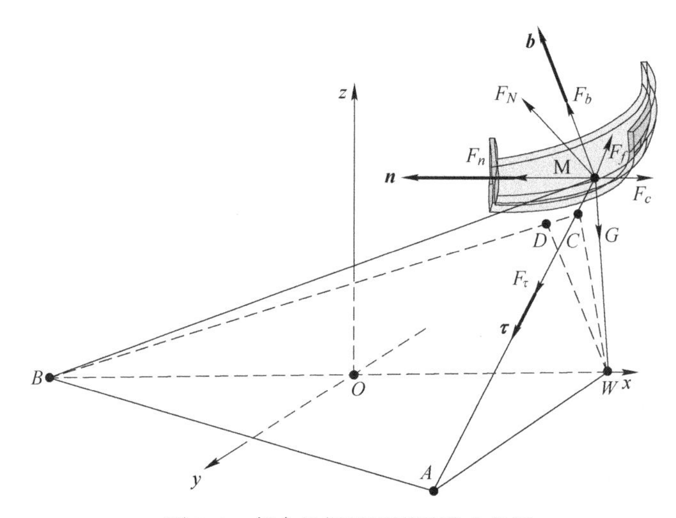

图 3.1　复合坐标系下颗粒受力分析

由图 3.1，在自然坐标系切向、法线方向建立颗粒运动方程：

$$G\sin\alpha - F_f + F_\tau = m\frac{\mathrm{d}v_{\tau p}}{\mathrm{d}t} \tag{3.8}$$

$$F_N\sin\theta \pm F_n - F_c = m\frac{\mathrm{d}v_{np}}{\mathrm{d}t} \tag{3.9}$$

$$F_N\cos\theta \pm F_b + F_{bg} - mg\cos\alpha = m\frac{\mathrm{d}v_{bp}}{\mathrm{d}t} \tag{3.10}$$

式（3.9）中，+ 表示水流径向推力沿主法线方向，- 表示水流径向推力背离主法线方向；式（3.10）中，+表示水流轴向推力方向沿副法线方向，-表示水流轴向推力方向背离副法线方向。F_τ、F_n、F_b 分别为颗粒在切线方向、主法线方向和副法线方向上的流体阻力。θ 为副法线和支持力方向的夹角，由式（2.5）和式（2.6）计算。

由式（3.8）~式（3.10）可知，流体阻力对颗粒运动有重要作用。沿螺旋线方向，F_τ 的大小决定了颗粒沿螺旋线方向的运动速度，从而决定了颗粒的分选时间；F_n 的方向对颗粒的径向分布有重要影响；F_b 则对颗粒的分层具有重要影响。

结合式（2.1）、式（2.4）、式（3.10），纵向倾角沿径向由内至外逐渐减小，横向倾角沿径向由内至外逐渐增加，因此 $mg\cos\alpha$ 随径向距离的增加而增加，$F_N\cos\theta$ 随径向距离的增加而减小。因此，在外缘非槽底区域主要依靠颗粒自身重力实现分层；在内缘区域，拜格诺力和流体阻力轴向分力对颗粒的分层起重要作用。

假定颗粒沿床层方向的分层达稳定状态后，在副法线方向上不再有位移变化。此时，$\frac{\mathrm{d}v_{bp}}{\mathrm{d}t}=0$，忽略脉动作用产生的力以及拜格诺力，利用式（3.10）求出 F_N，进而可将式（3.9）改写为：

$$mg(\cos\alpha)^2\tan\beta \pm F_n - F_c = m\frac{\mathrm{d}v_{np}}{\mathrm{d}t} \tag{3.11}$$

由式（3.11）可知，颗粒沿径向的分带主要受重力沿径向的分力、径向环流推动力以及离心力控制。结合第 2 章螺旋分选机流场特征的分析，靠近槽底的区域，径向速度指向中心轴且速度相对较大，此时纵向速度很小。也就是说，处于下层的高密度颗粒，径向环流将产生一个指向中心轴的推力，此时离心力很小，颗粒将在重力、径向环流推力作用下向内缘运动。反之，处于上层的低密度颗粒，纵向速度大，产生较强的离心力，且此时径向环流对水流的推动力指向外缘，促使上层颗粒移向外缘。由此，轻重颗粒沿径向实现分带。

对于选矿而言，需要将尾矿尽可能移向外缘，结合式（3.11），增强离心力和径向环流推动力可以促进颗粒向外缘运动。结合第 2 章螺旋分选机流场特征分析，上层流体纵向速度远大于径向速度，导致离心力相对径向环流推动力更大，增强离心力是提升金属矿等重矿物分选的有效手段。因此，非煤用螺旋分选距径比大于 0.6，且选用较小的横向倾角，从而增强离心力，提升分选效果。

对于选煤而言，需要将矸石尽可能移向内缘，不宜采用离心力较强的设计，以免矸石颗粒在高离心力作用下向外缘运动，污染精煤。结合式（3.11），增强径向环流推动作用，增强重力沿径向的分力是实现粗煤泥分选的关键技术手段。由于重力沿径向的分力由 $(\cos\alpha)^2\tan\beta$ 调控，结合式（2.1），采用较小的螺距可以增大 $\cos\alpha$ 数值，采用较大的横向倾角可以增大 $\tan\beta$，由此可增强下层颗粒指向中心轴的力，从而促进粗煤泥的分选。此外，式（3.11）中，槽底的矸石颗粒受到的水流径向推力与离心力方向相反，由第2章的讨论可知，可以用径向速度与切线速度的比值（v_r/v_t）来表征水流径向推力和离心力的相对大小，比值越大，颗粒受径向环流作用越强，槽底颗粒越容易向内缘运动。由数值模拟结果可知，采用低螺距、高横向倾角的设计可以增强径向环流。综上，距径比和横向倾角是粗煤泥螺旋分选的关键影响因素。

3.2 颗粒径向分布位置的预测模型及应用

3.2.1 颗粒径向分布位置预测模型的推导

卢继美在不考虑拜格诺力的前提下，曾提出颗粒切向速度 $v_{\tau p}$ 计算公式，进而反映不同密度颗粒的径向分布位置[78]。

$$v_{\tau p} = u_{\tau} - v_{o} \sqrt{f\cos\alpha\sec\theta - \sin\alpha} \tag{3.12}$$

$$v_{\tau p} = \sqrt{\mathrm{rg}\tan\beta \pm \frac{rgu_n^2}{{v_0}^2 (\cos\alpha)^2}} \tag{3.13}$$

式中，v_o 表示颗粒沉降末速，可由式（3.14）计算：

$$v_0^2 = \frac{\pi d(\rho_p - \rho_f)g}{6\varphi\rho_f} = \frac{mg}{\varphi d^2\rho_f} \tag{3.14}$$

卢继美指出可以利用颗粒沉降末速的不同，依据式（3.12）推测不同密度颗粒切向速度 $v_{\tau p}$ 的大小，再利用式（3.13）反推颗粒径向平衡位置的大小关系[78]。事实上，式（3.12）和式（3.13）均涉及沉降末速与颗粒切线速度的相互关系，在反推颗粒径向平衡位置时，并不能直观地得出结论。

基于式（3.8）~式（3.10）进行分析时，流体阻力和离心力计算式中的速度项无法消去，导致最终推导的数学模型始终包含速度项，无法直观反映颗粒径向分布位置。Kapur、Das 等学者通过优化水流作用力的表达方式，将流体阻力转换成与流膜厚度相关的量，避免在计算水流作用力时引入速度项，为颗粒在螺旋分选机中的动力学分析提供了新的思路[27, 81]。Kapur 将螺旋分选机中颗粒的水流作用力分解为两个力，一个是颗粒在槽面所受的牵引力，一个是促进颗粒分层的法向举力[27, 81]。牵引力 F_d 表示水流在纵向和横向两个方向上的合力；牵引力与纵向分力的夹角用 δ 表示；法向举力 F_b 与牵引力有关。牵引力、夹角、法向举力可由式（3.15）~式（3.17）求出：

$$F_d = \frac{\rho g\pi}{4} d^2 h\sin\alpha \tag{3.15}$$

$$\tan\delta = 11h/r \tag{3.16}$$

$$F_b = kF_d \tag{3.17}$$

式中，h 为流膜厚度，m，在计算时可由平均流膜厚度 h_m 代替，以简化数学模型；k 为系数，分析螺旋分选机中法向举力时取 0.33[27, 81]。

Kapur 假定螺旋分选机中，槽底曲线上的任意一点与水流液面曲线的法向距离均为 h_m，利用积分的数学手段推导出平均流膜厚度的计算式[27, 81, 142]。这种方法考虑了流量对流膜厚度的影响，但是整个计算过程非常复杂，较难求解。考虑到螺旋分选机中流膜厚度由内至外逐渐增加的特点，本节取 2/3 槽宽处的流膜厚度替代平均流膜厚度，计算公式见式（2.11）。

颗粒沿螺旋线运动时，根据螺旋线的形成原因，可将颗粒视为沿圆心做圆周运动的同时，匀速向下运动。在螺旋槽面上取一个足够小的微元槽面，颗粒在微元槽面上沿螺旋线做微小的位移时，在竖直方向上的位移可以忽略不计，颗粒可近似看作在微元槽面做圆周运动，从而将颗粒在三维曲面上的受力简化为平面受力，其受力分析如图 3.2 所示。

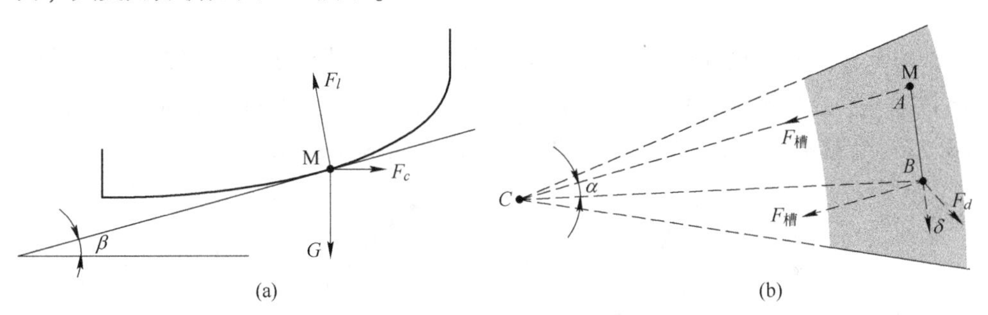

图 3.2 螺旋分选机中颗粒的受力分析

（a）颗粒在横截面上的受力分析；（b）颗粒在槽面的受力分析

图 3.2（a）表示颗粒 M 在横截面上的受力分析，图 3.2（b）表示颗粒 M 在微元断面上由 A 点沿螺旋线运动到 B 点后的受力分析，A、B 距离足够小时，颗粒视为绕点 C 做圆周运动，CA、CB 所形成的角 α 即为颗粒在 B 处的纵向倾角。

分别在纵向、法向、径向建立颗粒受力平衡方程可得：

$$G\sin\beta\sin\alpha + F_d\cos\delta - F_f - F_c\cos\beta\sin\alpha = 0 \tag{3.18}$$

$$F_N = G\cos\beta + F_c\sin\beta - F_l \tag{3.19}$$

$$G\sin\beta\cos\alpha - F_d\sin\delta - F_c\cos\beta\cos\alpha = 0 \tag{3.20}$$

由上述等式可以求得：

$$\frac{\rho_p - \rho_f}{\rho_f} = \frac{1.5h_m\sin\alpha}{d\tan\varphi} \times \frac{k\tan\phi + \cos\delta + \sin\delta\tan\alpha + \sin\delta\tan\phi\tan\beta\sec\alpha}{\cos\beta + \sin\beta\tan\beta} \tag{3.21}$$

式中，h_m 为平均流膜厚度，由式（2.11）计算；α、β 由式（2.1）和式（2.4）计算；δ 由式（3.16）计算；k、φ 可由根据文献取值[27, 81]。式（3.21）可改写为：

$$F_{eq}(r, \rho_p, \rho_f, d, f(r), P) = 0 \tag{3.22}$$

式（3.22）集颗粒物料特性与螺旋分选机设计参数为一体，其意义在于：

（1）对于任意给定的螺旋分选机（螺旋分选机结构参数已知，即螺距、内/外径、槽面形状已知），平衡半径 r（颗粒运动平衡后的径向距离）只与颗粒直径 d 和相对密度 W 有关，利用 Matlab 可以绘制 W 与 r 的关系曲线，从而分析物料性质对分选效果的影响；

（2）颗粒性质（粒度、密度）已知时，式（3.22）可定性分析结构参数对颗粒平衡半径的影响，为设备的优化提供方向性的指导。

3.2.2　颗粒径向分布位置的预测及影响因素分析

3.2.2.1　颗粒物料性质对平衡半径的影响

基于表 2.1 中 C_2 螺旋分选机结构参数，平均流膜厚度由式（2.11）计算，颗粒直径 d 分别取 0.25mm、0.50mm、0.75mm、1.00mm、1.50mm，由式（3.22）绘制相对密度与平衡半径的关系曲线，如图 3.3 所示。

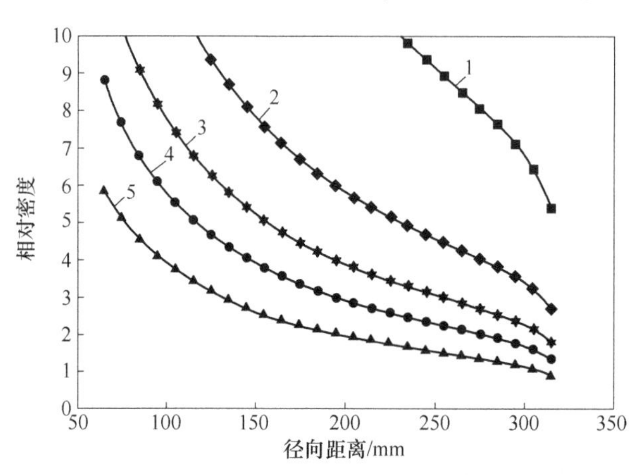

图 3.3　颗粒粒度对平衡半径的影响

1—d=0.25mm；2—d=0.50mm；3—d=0.75mm；4—d=1.00mm；5—d=1.50mm

由图 3.3 可知，粒度越细，颗粒越容易被甩向外缘；相对密度随着径向距离的增加而减小，高密度颗粒平衡半径小于低密度颗粒平衡半径，符合螺旋分选基本原理，说明式（3.22）可以反映颗粒沿槽面的分布规律，可以定性分析结构参数对颗粒运动规律的影响，对螺旋分选机设备参数的优化有一定的指导作用。但需要说明的是，动力学分析对螺旋分选机中复杂的受力进行了简化以直观反映颗粒径向分布规律及其影响因素，还不能对实际分选的平衡位置进行预测。图 3.3 中纵坐标远高于煤泥分选所涉及的密度，也直接说明本节提出的数学模型只能定性分析颗粒在螺旋分选机中径向分布的影响规律。为了使数值计算的相对密度与粗煤泥的实际密度相匹配，后续数值计算纵坐标均缩小至原来的 1/10。

3.2.2.2 螺距对颗粒平衡半径的影响

基于表 2.1 中 C_2 螺旋分选机结构参数，距径比分别取 0.6、0.5、0.4、0.37、0.34 五种，颗粒直径 d 取 0.50mm，由式（3.22）绘制不同距径比下，相对密度与平衡半径的关系曲线，如图 3.4 所示。

由表 1.1、表 1.2 的讨论已知，煤用螺旋分选机距径比相对非煤用螺旋分选机距径比低，通常在 0.4~0.5。由图 3.4 可知，颗粒密度相同时，平衡半径均随螺距的减小而减小。但距径比过低，可能导致颗粒运动速度过小，无法维持颗粒的正常流动；同时，过低的距径比也有可能迫使低密度颗粒无法运动到最外缘，从而造成精煤的损失。因此，在保证低密度颗粒平衡半径在外缘的基础上，适当降低螺距，可以促进中、高密度级颗粒移向内缘的趋势，减少中高密度级颗粒对精煤的污染，进而提高螺旋分选机分选精度。

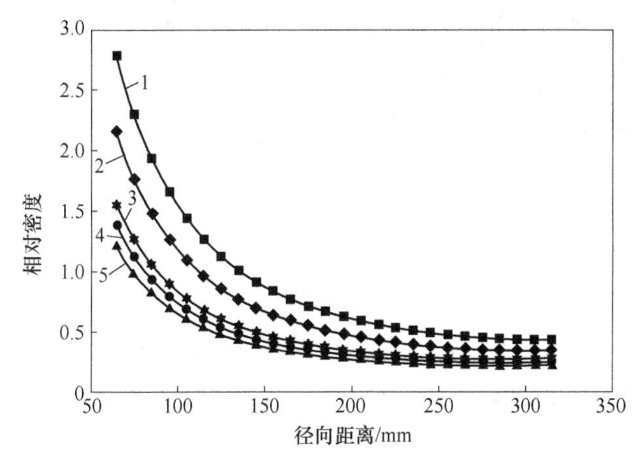

图 3.4 距径比对平衡半径的影响

1—$p/D=0.6$；2—$p/D=0.5$；3—$p/D=0.4$；4—$p/D=0.37$；5—$p/D=0.34$

3.2.2.3 横向倾角对颗粒平衡半径的影响

横向倾角是螺旋分选机的重要设计参数之一，但横向倾角对螺旋分选机分选效果的影响鲜有报道。基于表 2.1 中 C_2 螺旋分选机结构参数，横向倾角分别取

21°、19°、17°、15°、13°、11°、9°七种，对应的平均流膜厚度由式（2.11）计算，分别取 5.97mm、5.56mm、5.03mm、4.56mm、4.07mm、3.11mm、2.69mm，颗粒直径 d 取 0.50mm，由式（3.22）绘制不同横向倾角时，相对密度与平衡半径的关系曲线，如图 3.5 所示。图 3.5 表明横向倾角对颗粒的平衡位置影响不大，这和实际并不相符。横向倾角的变化主要造成螺旋槽横截面形状发生改变，对相同径向距离处的横向倾角改变并不大，在利用式（2.11）计算平均流膜厚度，以及利用式（3.22）预测平衡半径时，均涉及横向倾角，从而导致通过数值计算的平衡半径受横向倾角影响较小。但从局部放大图（见图 3.5）依然可以看出，颗粒平衡半径随横向倾角的增大而降低。从公开发表的文献可以发现，煤用螺旋分选机横向倾角在 9°~15°之间，且相对来说，15°的横向倾角分选效果较好。这可能是因为，较高的横向倾角导致颗粒重力沿斜面的分力增加，从而促使颗粒更容易移向内缘。因此，在保证低密度颗粒平衡半径在外缘的基础上，适当增大横向倾角，可以促进中、高密度级颗粒移向内缘的趋势，从而提高螺旋分选机分选精度。

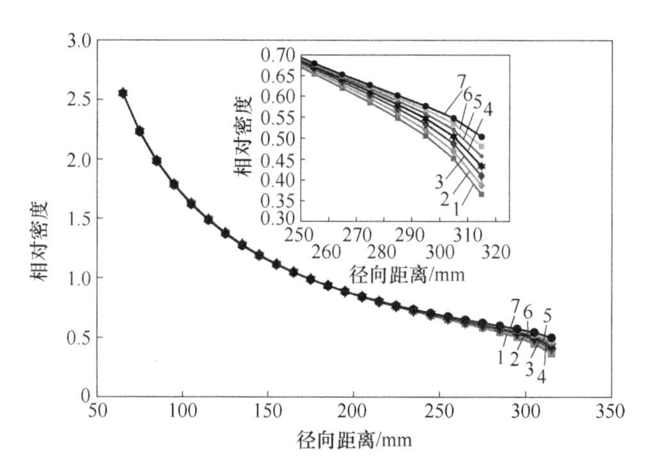

图 3.5　横向倾角对平衡半径的影响

1—$\lambda=21°$；2—$\lambda=19°$；3—$\lambda=17°$；4—$\lambda=15°$；5—$\lambda=13°$；6—$\lambda=11°$；7—$\lambda=9°$

3.2.2.4　横截面形状

事实上，横向倾角的改变已经引起螺旋槽横截面的改变，此处特指横截面类型。国外螺旋分选机通常是以椭圆型横截面槽面为基础进行设计，而国内螺旋分选机则多是以立方抛物线为基础进行设计。目前，关于两种横截面类型对分选效果影响的相关报道较少。

基于表 2.1 中 C_2 螺旋分选机结构参数，横向倾角取 17°，横截面类型分别为立方抛物线和椭圆，平均流膜厚度由式（2.11）计算，分别取4.05mm、5.04mm，颗粒直径d取0.50mm，由式（3.22）绘制两种形状类型下，相对密度与平衡半径的关系曲线，如图3.6所示。

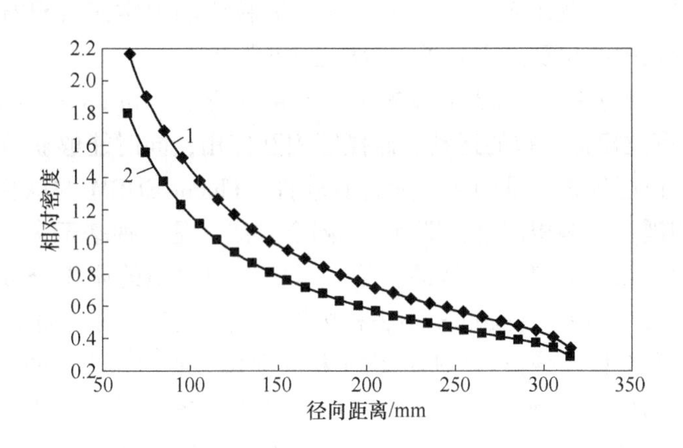

图3.6 横截面形状对平衡半径的影响

1—立方抛物线；2—椭圆型

由图3.6可知，颗粒密度相同时，立方抛物线型螺旋槽面可以获得更低的平衡半径。这可能是立方抛物线横截面相对于椭圆横截面而言，内缘的横向倾角较大，重力沿槽面的分力较大，从而促使其平衡半径减小。由于缺乏横截面类型对实际煤泥螺旋分选效果的研究，横截面类型对颗粒径向分布的影响还需要进一步通过试验验证。

3.3 基于CFD-EDEM的颗粒分离运动数值仿真

前述讨论中，基于螺旋分选机流场特征分析了螺旋分选机理，提出了煤用螺旋分选机的力场要求及关键影响因素，基于动力学模型预测了结构参数对颗粒径向分布位置的影响规律。但数学模型在推导过程中做了较多简化，仅仅适用于粗略的估算结构参数对颗粒运动规律的影响。本节基于CFD-EDEM对颗粒在螺旋分选机中的分离运动进行仿真模拟，探讨粗煤泥螺旋分选机进一步优化的可行性。

颗粒在螺旋分选机中分选行为的数值模拟，是当前的热点和难点。Doheim将颗粒视为拟流体，提出基于欧拉-欧拉模型的模拟方案[31]。但这种模拟方法并不符合颗粒螺旋分选的实际情况。刘祚时、李华梁、高淑玲等学者在Fluent中采用离散相模型（DPM）模拟金属矿在螺旋分选机中的运动轨迹[86, 143, 144]，初步可以反映颗粒的分选趋势。事实上，由于螺旋分选机内缘流膜很薄，内缘局部浓度远远大于 10%，应用 DPM 模型计算时极易发散。此外，欧拉两相流模型以及 DPM 模型均不考虑颗粒碰撞对颗粒运动轨迹的影响。得益于数值模拟技术的高速发展，近两年，离散元素法（DEM）和光滑粒子动力学法（SPH）在模拟颗粒在螺旋分选机中的运动方面有了一定的进步[29, 32]。

EDEM 是世界上第一个基于最先进的离散元方法（discrete element method, DEM)，能够有效模拟颗粒的运动、碰撞等相互作用，同时能够获得颗粒的运动轨迹、位移、速度等物理量的离散元仿真软件。Fluent-EDEM 的耦合有两类：多相耦合和单相耦合。多相耦合，即 Euler 耦合方法，是一种基于多相流框架的耦合方法，包含动量、质量和能量的交换，考虑了颗粒相的体积分数，使用范围广。单相耦合又分两种：Lagrangian 法和场耦合法。前者基于单相流框架的耦合方法，不包含颗粒体积分数，但是考虑了相间动量、质量和能量的传递，适用于颗粒浓度极低的稀相流问题。后者是在 CFD 软件完成流场的数值模拟后，将流场信息导入 EDEM 中，假定颗粒的存在不影响流场的分布，采用场耦合方法计算颗粒在流场中的运动。Euler 耦合法更符合实际，但对计算机的配置要求远高于场耦合法。颗粒浓度极低时，可以认为颗粒的存在不影响流场的分布，Lagrangian 法和场耦合法差异不大。为此，本节采用 Fluent-EDEM 单相耦合，在低浓度（1%）条件下模拟颗粒的运动轨迹。

3.3.1 颗粒模拟数值处理

3.3.1.1 计算模型

CFD-EDEM 耦合时，流体被视为连续相，可由 Naiver-Stokes 公式描述，控制方程如下：

$$\frac{\partial}{\partial t}(\rho_f \varepsilon) + \nabla(\rho_f \varepsilon \boldsymbol{u}_f) = 0 \tag{3.23}$$

$$\frac{\partial}{\partial t}(\rho_f \varepsilon \boldsymbol{u}_f) + \nabla.(\rho_f \varepsilon \boldsymbol{u}_f \boldsymbol{u}_f) = -\nabla p + \nabla(\varepsilon\,\tau_f) + \varepsilon \rho_f \boldsymbol{g} + \boldsymbol{f}_{p\text{-}f} \tag{3.24}$$

式中，τ_f 为表面张力；$\boldsymbol{f}_{p\text{-}f}$ 为固液相互作用力。τ_f、$\boldsymbol{f}_{p\text{-}f}$ 可分别表示为：

$$\tau_f = \mu_f[\nabla u_f + (\nabla u_f)^{\mathrm{T}}] - \frac{2}{3}\mu_f(\nabla u_f)I \tag{3.25}$$

$$\boldsymbol{f}_{p\text{-}f} = \sum_{i=1}^{N_i}(f_{d,i} + f_{p,i}) \tag{3.26}$$

颗粒视为离散相，在螺旋分选机中主要由平动（translational）和转动（rotational）两种运动方式，都遵从牛顿第二定律。在运动过程中，颗粒-颗粒或者颗粒-墙壁的碰撞将引起颗粒动量和能量改变。在多相流中，任意时间 t 时颗粒 i 的平动和转动控制方程可分别表述为式（3.27）和式（3.28）[145-148]：

$$m_i \frac{d_{V_i}}{d_t} = \boldsymbol{f}_{p-f,i} + m_i \boldsymbol{g} + \sum_{j=1}^{k_i} (\boldsymbol{f}_{c,ij} + \boldsymbol{f}_{d,ij}) \tag{3.27}$$

$$I_i \frac{d_{w_i}}{d_t} = \sum_{j=1}^{k_i} (\boldsymbol{T}_{t,ij} + \boldsymbol{T}_{r,ij}) \tag{3.28}$$

式中，$\boldsymbol{f}_{p-f,\ i}$ 为颗粒 i 所受的颗粒-流体相互作用力，包括流体曳力 F_D、虚拟质量力 F_v、压力梯度力 F_p、马格努斯升力 F_M、萨夫曼升力 F_S、巴塞特力 F_B；$m_i\boldsymbol{g}$ 为颗粒 i 的重力；$\boldsymbol{f}_{c,ij}$ 为颗粒 i 与颗粒 j 之间的接触力（contact forces）；$\boldsymbol{f}_{d,ij}$ 为颗粒 i 与颗粒 j 之间的非接触力（non-contact（long-range）forces）；$\boldsymbol{T}_{t,ij}$、$\boldsymbol{T}_{r,ij}$ 分别为作用在颗粒 i 上的因平动和转动产生的力矩。

虚拟质量力（virtual mass force，F_v）表示颗粒在流体中加速运动时带动周围流体做加速运动，流体将以相同的加速度反作用到颗粒上，使得实际推动颗粒做加速运动的力大于颗粒自身惯性力，即颗粒受到水流对颗粒的“虚拟”质量力[149]。原则上讲，只有当流体密度与颗粒密度比值远小于 1 时，虚拟质量力才可忽略[150]。由于本节采用 Fluent-EDEM 单向耦合模拟低浓度下颗粒在螺旋分选机中的运动行为，认为颗粒的存在不改变流场的分布情况，因此，忽略流体对颗粒的虚拟质量力。

压力梯度力（pressure-gradient force），即 F_p 为由于流场中压力分布不均匀而施加在颗粒上的力。由于流体密度与颗粒密度相差不大，压力梯度力不能忽略[150]。压力梯度力可表示为[151]：

$$F_p = - V_{p,i} \cdot \nabla P \tag{3.29}$$

式中，负号表示压力梯度力与压力梯度方向相反；V 为颗粒体积；∇P 为压力梯度。

马格努斯升力（magnus lift force，F_{M}），当颗粒在流体中绕自身旋转时，由于颗粒表面压强的变化，将产生一个与流场流动方向相垂直的由逆流侧指向顺流侧的力，称为马格纳斯升力[152]。通常亚微观尺寸颗粒才考虑马格纳斯升力，因此，本节忽略马格努斯升力[150]。

萨夫曼升力（saffman's lift force，F_{S}），指当固体颗粒在有速度梯度的流场中运动时，产生的一种由低速指向高速方向的升力，称为萨夫曼升力[153, 154]。通常在模拟亚微观尺寸颗粒在流场中的运动时，才考虑萨夫曼升力[150]。

巴塞特力（basset Force，F_{B}），黏性流体中，由于粒子表面的附面层不稳定，粒子受到一个随时间变化的流体作用力。当颗粒粒度较大时，可忽略巴塞特力[155, 156]。

流体曳力（drag force，F_{D}），是颗粒在流体中所受的重要的作用力，单颗粒球形颗粒的流体曳力可表示为：

$$F_{\mathrm{D}} = C_{\mathrm{D}} A_P \frac{\rho_f u^2}{2} = \frac{1}{2}\rho_f(|u_p - u|(u_p - u))\frac{\pi d_p^2}{4} C_{\mathrm{D}} \tag{3.30}$$

考虑颗粒间作用力时，单个颗粒的流体曳力可表示为[145]：

$$F_{\mathrm{D}} = C_f \frac{1}{2}\rho_f(|u_p - u|(u_p - u))\frac{\pi d_p^2}{4} C_{\mathrm{D}} \tag{3.31}$$

式中，C_f 为曳力修正系数。在单位控制体内，流体曳力可进一步改写为：

$$F_{\mathrm{D}} = C_f \frac{1}{2}\rho_f(|u_p - u|(u_p - u))\frac{\pi d_p^2}{4} C_{\mathrm{D}}\left(\frac{\varepsilon_p}{V_p}\right) \tag{3.32}$$

式中，ε_p 为固体颗粒的体积分数；V_p 为单个颗粒的体积；$\frac{\varepsilon_p}{V_p}$ 为单位控制体内颗粒的个数。

$$V_p = \frac{\pi d_p^3}{6} \tag{3.33}$$

带入 V_p 后，考虑颗粒间相互作用力的曳力公式可改写为：

$$F_{\mathrm{D}} = \frac{3}{4}\frac{\rho_f \varepsilon_p(|u_p - u|(u_p - u))}{d_p}(C_f C_{\mathrm{D}}) \tag{3.34}$$

式中，C_f，C_{D} 均是与单位控制体内流体体积分数 ε_f 相关的函数。ε_f 可表示为：

$$\varepsilon_f = 1 - \frac{\sum_{j=1}^{K_c} V_i}{V_c} \tag{3.35}$$

式中，V_i 为第 i 个颗粒的体积；V_c 为控制体总体积；K_c 为控制体内颗粒的总数量。

综上，考虑颗粒间相互作用力的流体曳力公式可改写为[145]：

$$F_{\mathrm{D}} = K|u_p - u| \tag{3.36}$$

式中，K 表示固液交换系数（interphase exchange coefficient）。

由以上分析可得，在进行 CFD-EDEM 单向耦合模拟颗粒在螺旋分选机中的运动行为时，水流对颗粒的作用力主要考虑流体曳力和压力梯度力。

计算流体曳力时，经常需要计算颗粒的相对雷诺数，可由式（3.37）表示：

$$R_{e_p} = \frac{\rho_f |u_p - u| d_p}{\mu_f} \tag{3.37}$$

目前，表征流体对颗粒作用力有如下几种常见模型：

（1）Syamlal-O' Brien 模型，基于颗粒在流化床中的沉降末速 $v_{r,s}$ 提出的流体曳力模型，K 可表示为：

$$K = \frac{3}{4}\frac{C_{\mathrm{D}}}{v_{rp}^2}\frac{\rho_f \varepsilon_f \varepsilon_p |u_p - u|}{d_p} \tag{3.38}$$

式中，C_D、v_{rp} 可分别由下式表示[150, 157, 158]：

$$C_D = \left(0.63 + \frac{4.8}{\sqrt{R_{e_s}/v_{rp}}}\right)^2 \tag{3.39}$$

$$v_{rp} = 0.5\left(A - 0.06R_{e_p} + \sqrt{(0.06R_{e_p})^2 + 0.12R_{e_p}(2B - A) + A^2}\right) \tag{3.40}$$

式中，$A = \varepsilon_f^{4.14}$，$B = \begin{cases} a\varepsilon_f^{1.28} & 当\varepsilon_f \leqslant 0.85 \\ \varepsilon_f^{b} & 当\varepsilon_f > 0.85 \end{cases}$，其中，$a$、$b$ 是一对调整系数（turning parameters），可分别取0.8、2.65[150]。

（2）Wen-Yu模型，适用于固相（次相）体积分选明显低于液相（主相）的稀疏流动，交换系数可用下式表示[150]：

$$K = \frac{3}{4}C_D\frac{\rho_f\varepsilon_f\varepsilon_p|u_p - u|}{d_p}\varepsilon_f^{-2.65} \tag{3.41}$$

曳力系数 C_D 可表征为[159]：

$$C_D = \frac{24}{\varepsilon_f R_{e_p}}[1 + 0.15(\varepsilon_f R_{e_p})^{0.687}] \tag{3.42}$$

（3）Gidaspow模型，是一种结合了Wen-Yu模型和Ergun公式的模型，交换系数可表示为：

$$K = \begin{cases} \dfrac{3}{4}C_D\dfrac{\rho_f\varepsilon_f\varepsilon_p|u_p - u|}{d_p}\varepsilon_f^{-2.65} & 当\varepsilon_f \geqslant 0.8 \\ 150\dfrac{\varepsilon_p(1 - \varepsilon_f)\mu_f}{\varepsilon_f d_p^2} + \dfrac{1.75\rho_f\varepsilon_p|u_p - u|}{d_p} & 当\varepsilon_f < 0.8 \end{cases} \tag{3.43}$$

式中，曳力系数 C_D 与Wen-Yu模型曳力系数相同，用式（3.42）表示。

（4）Di Felice模型，Di Felice基于单颗粒流体阻力模型的基础上，考虑了颗粒间相互作用力，在1994年提出修正后的流体曳力模型[160]。该模型在重介旋流器、离心选矿机等选矿设备中得到了较好的应用[145-147]。Di Felice模型中，交换系数 K 可表示为：

$$K = \frac{3}{4}C_D\frac{\rho_f\varepsilon_p|u_p - u|}{d_p}\varepsilon_f^{-\varepsilon} \tag{3.44}$$

式中，C_D、ε 分别可表示为：

$$C_D = \left(0.63 + \frac{4.8}{R_{e_s}^{0.5}}\right)^2 \tag{3.45}$$

$$\varepsilon = 3.7 - 0.65\exp\left[-\frac{(1.5 - \lg R_{e_{p,i}})^2}{2}\right] \tag{3.46}$$

球形颗粒曳力系数：

$$C_D = \begin{cases} 24/R_{e_{p,i}} & \text{当} R_{e_{p,i}} \leqslant 0.5 \\ 24(1+0.15R_{e_{p,i}}^2)/R_{e_{p,i}} & \text{当} 0.5 < R_{e_{p,i}} \leqslant 1000 \\ 0.44 & \text{当} R_{e_{p,i}} > 1000 \end{cases} \tag{3.47}$$

为了探寻模拟颗粒在螺旋分选机中运动行为的较优曳力模型，本节将对上述五种曳力模型进行数值模拟，对比分析适用于螺旋分选机的最佳曳力模型。

CFD-EDEM 耦合时控制方程见表 3.1。

表 3.1　CFD-EDEM 耦合控制方程

力和力矩		符号	方　程
Normal forces	Contact	$f_{cn,ij}$	$-\frac{E}{3(1-v^2)}\sqrt{2R_i}\,\delta_n^{1.5}\boldsymbol{n}$
	Damping	$f_{dn,ij}$	$-C_d\left(\frac{3m_iE}{\sqrt{2}(1-v^2)}\sqrt{\boldsymbol{R}\delta_n}\right)^{0.5}\boldsymbol{V}_{n,ij}$
Tangential forces	Contact	$f_{ct,ij}$	$-\{\mu_p \boldsymbol{f}_{cn,ij}/\lvert\delta_t\rvert\}[1-(1-\min\{\lvert\delta_t\rvert,\delta_{t,\max}\}/\delta_{t,\max})^{1.5}]\delta_t$
	Damping	$f_{dt,ij}$	$-C_t\left(6m_i\mu_s\lvert\boldsymbol{f}_{cn,ij}\rvert\frac{\sqrt{1-\delta_t/\delta_{t,\max}}}{\delta_{t,\max}}\right)^{0.5}\boldsymbol{V}_{t,ij}$
Torques	Rolling	$T_{t,ij}$	$\boldsymbol{R}_i\times(\boldsymbol{f}_{ct,ij}+\boldsymbol{f}_{dt,ij})$
	Friction	$T_{r,ij}$	$-\mu_r\lvert\boldsymbol{f}_{cn,ij}\rvert\hat{\boldsymbol{\omega}}$
Body force	Gravity	G_{ij}	$m_i\boldsymbol{g}$
Particle-fluid interaction force		$f_{p\text{-}f,i}$	$K\lvert u_p-u\rvert$
Pressure-gradient Force		F_p	$F_p=-V_{p,i}\cdot\nabla P$
当：$\boldsymbol{n}=\frac{\boldsymbol{R}_i}{R_i}$，$\boldsymbol{V}_{ij}=\boldsymbol{V}_i-\boldsymbol{V}_j+\boldsymbol{\omega}_j\times\boldsymbol{R}_j-\boldsymbol{\omega}_i\times\boldsymbol{R}_i$，$\boldsymbol{V}_{n,ij}=(\boldsymbol{V}_{ij}\times\boldsymbol{n})\times\boldsymbol{n}$，$\hat{\boldsymbol{\omega}}_i=\frac{\boldsymbol{\omega}_i}{\omega_i}$			

3.3.1.2　计算域的选择

如前所述，完整模拟 5 圈螺旋槽需要庞大的计算机资源。为了探明合理的模拟区域，利用表 2.1 C_2 所示的螺旋分选机和相对应的实验系统，采用 0.5～1.5mm 的 PET 塑料颗粒（1.3g/cm^3）作为示踪颗粒，进行 1%浓度的示踪试验，通过相机拍摄示踪颗粒在分选过程中沿径向的分布，如图 3.7 所示。从图 3.7 可以看出，经过第一圈的分选，示踪颗粒进入螺旋槽后基本处于最外缘位置，中间靠外也有较多颗粒；之后，颗粒向外缘聚集的趋势逐渐增加，经过 2 圈后，颗粒的运动轨迹基本保持不变，示踪颗粒主要聚集在最外缘。由此，本章采用两圈的螺旋槽进行低浓度下 CFD-EDEM 单相耦合数值模拟。

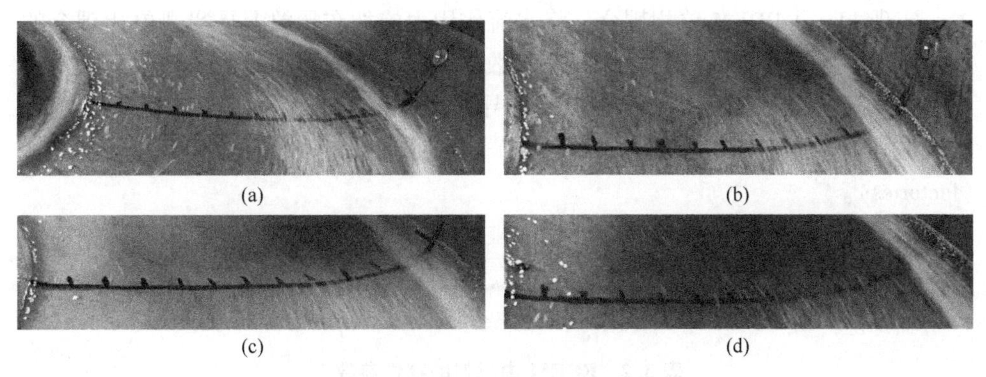

图 3.7 示踪颗粒在分选过程中的分带情况
(a) 第 1 圈; (b) 第 2 圈; (c) 第 3 圈; (d) 第 4 圈

3.3.1.3 CFD-EDEM 单向耦合模拟的基本设置

应用 CFD-EDEM 场耦合法进行数值模拟时，EDEM 软件只考虑颗粒重力、摩擦力以及颗粒碰撞力等力，但没有涉及流场对颗粒阻力和压力梯度力。因此，需要人为地将计算好的流场导入 EDEM，通过 API 编译的方法，计算流体对颗粒的作用力。CFD-EDEM 单相耦合过程如图 3.8 所示。

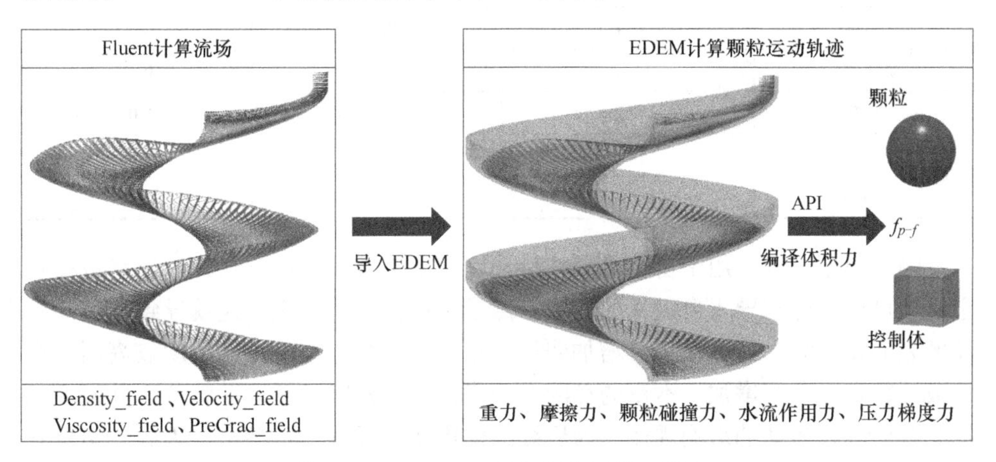

图 3.8 CFD-EDEM 单相耦合过程示意图

由图 3.8 可知，CFD-EDEM 场耦合法的主要步骤可总结为：首先通过 Fluent 模拟螺旋分选机中的流场分布特点，并将水流的密度场、压力场、速度场以及黏度场等数据导出；然后，将导出的场的数据导入 EDEM 的 field data manager 中，利用应用程序编程接口（application programming interface，API）编译流场对颗粒作用力并将水流作用力施加在颗粒上；最后，在 EDEM 中完成颗粒物性参数的设置，实现 Fluent-EDEM 单相耦合。将水流作用力施加在颗粒上是实现单相耦合的重要步骤，本节采用 C++语言完成流场数据到颗粒所受体积力的转化编译。

将螺旋槽几何模型、流场模拟结果导入 EDEM 软件后，在 EDEM 中设置全局变量（globals）、颗粒模型（particles）、几何模型（geometry）以及颗粒工厂（factories）。

全局变量设置，主要是设定颗粒的碰撞模型、重力方向、颗粒和螺旋槽体所涉及的材料的相关物性参数。X、Y、Z 轴的加速度分别为设置 $0m/s^2$、$-9.81m/s^2$、$0m/s^2$。颗粒和螺旋槽的物性参数见表 3.2 和表 3.3。

表 3.2　EDEM 中材料的物性参数表

材料	密度/$g \cdot cm^{-3}$	泊松比	剪切模量/Pa
精煤	1.3	0.25	3×10^7
中煤	1.5	0.25	3×10^7
矸石	2.0	0.25	2.2×10^8
铁	7.8	0.3	1×10^{10}

表 3.3　EDEM 中材料相互间接触参数表

材料	恢复系数	静摩擦系数	动摩擦系数
煤-煤	0.1	0.45	0.1
煤-矸石	0.15	0.45	0.2
煤-铁	0.2	0.5	0.01
矸石-矸石	0.2	0.5	0.2
矸石-铁	0.25	0.5	0.03

颗粒模型设置，用于自定义颗粒特性。EDEM 允许用户对颗粒的形状进行自定义，可以从外部导入自定义的颗粒，然后用球面进行填充。这就导致自定义颗粒的表面积增大，仿真计算量增加[161]。此外，颗粒较小、入料浓度较高时，会造成计算资源急剧增加。本章的目的在于模拟不同密度颗粒运动轨迹，并研究结构参数对颗粒运动的影响规律，为后续的样机制备提供一定参考。因此，本章在颗粒仿真时，所有颗粒直径设置在 1～1.5mm 随机分布，入料浓度设置为 1%，从而最大限度利用实验室模拟资源完成数值试验目的。

几何体设置，用来导入几何体并进行相关设置。本节中，采用 2 圈的螺旋槽进行仿真。将螺旋槽导入 EDEM 后，需要设置一个虚拟的颗粒入料口。该入料口的位置、大小均由实际入料方式决定。

颗粒工厂，用于设定颗粒的产生时间、数量、位置、速度、尺寸等参数。数值仿真时，为了保证颗粒在槽面分布的连续性，不限制颗粒进入螺旋槽的数量，精煤颗粒的生成速度设置为 2757 g/s，中煤颗粒的生成速度设置为 1650 g/s，矸石颗粒的生成速度设置为 1533 g/s。各颗粒入料位置随机分布，入料粒度为 1～1.5mm，入料速度设定为与水流速度相同。

3.3.2 曳力模型对颗粒分离运动的影响

不同曳力模型下，颗粒在螺旋分选机中的数值仿真结果如图 3.9 和图 3.10 所示。为了便于观察，图 3.10 反映的是在移除中间密度级颗粒后，2.2g/cm³ 颗粒和 1.3g/cm³ 颗粒的运动轨迹，其中矸石轨迹显示为迹线，精煤轨迹以实体颗粒展示。

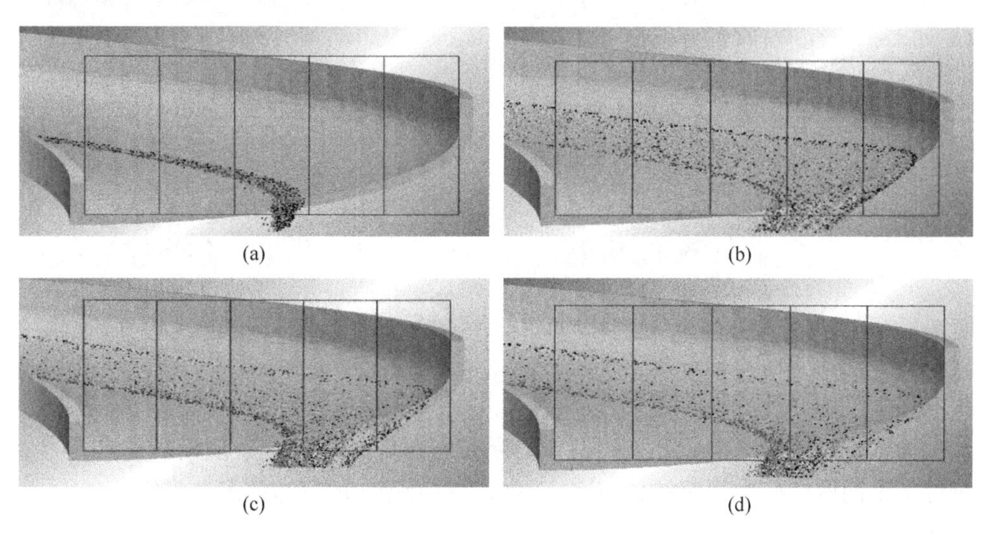

图 3.9 不同曳力模型下颗粒径向分布示意图

（a）Ball；（b）Syamlal-O′Brien；（c）WenYu；（d）Di Felice

传统螺旋分选机在处理粗煤泥时，通常认为矸石和精煤有清晰的分带，中煤在内缘和外缘均有较多分布，但主要分布在内缘。由图 3.9（a）可知，1.3g/cm³ 颗粒（黑色）、1.5g/cm³ 颗粒（绿色）和 2.2g/cm³ 颗粒（红色）均聚集在 3 号槽，颗粒沿径向分布不够明显，说明球形颗粒曳力系数不适合模拟颗粒在螺旋分选机中运动轨迹；图 3.9（b）～（d）中，分选带较宽，颗粒沿径向的分布比较明显，但 2.2g/cm³ 颗粒仍然没有运动到最内缘，这与实际情况不符合，但可以反映颗粒螺旋分选过程总的分带趋势。此外，中间密度颗粒在分选带均有分布，与试验规律相符。从图 3.10（b）可以看出，对模型 b（Syamlal-O′Brien）而言，1.3g/cm³ 颗粒和 2.2g/cm³ 颗粒沿径向有较为明显的分带，但 2.2g/cm³ 颗粒有大部分存在于精煤区域中。通常认为，2.2g/cm³ 颗粒与 1.3g/cm³ 颗粒在螺旋分选过程中沿径向有清晰的分带，故 Syamlal-O′Brien 模型也不适用于模拟颗粒在螺旋分选机中运动轨迹；对模型 c（WenYu/Gidaspow）和模型 d（Di Felice）而言，1.3g/cm³ 和 2.2g/cm³ 颗粒沿径向分带最为清晰，2.2g/cm³ 颗粒主要聚集在 3 号槽，1.3g/cm³ 颗粒主要聚集在 4、5 号槽，低、高密度颗粒径向分带最清晰，更符合螺旋分选实际情况。

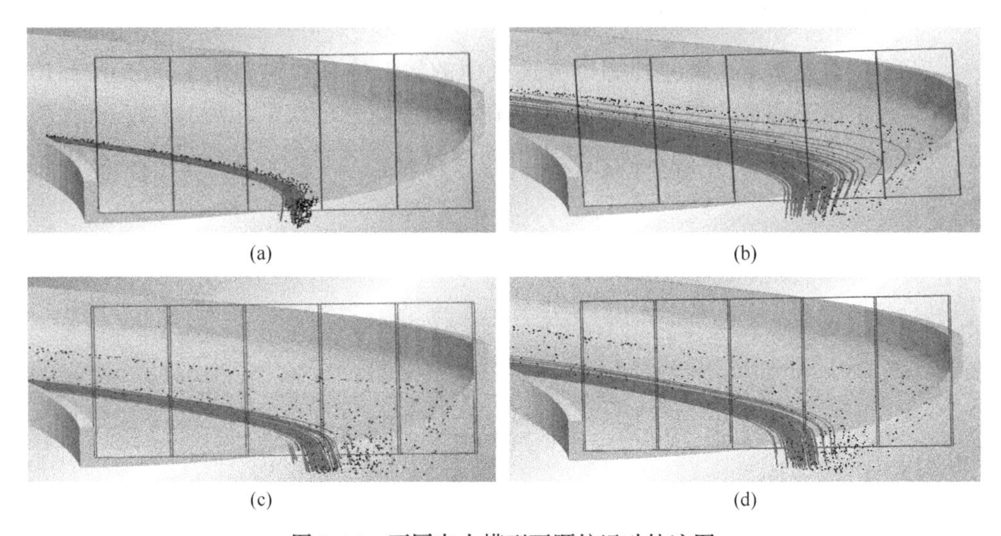

图 3.10　不同曳力模型下颗粒运动轨迹图

（a）Ball；（b）Syamlal-O'Brien；（c）WenYu；（d）Di Felice

为了进一步明确模型 c 和模型 d 对颗粒在螺旋分选机中数值模拟的准确性，统计了不同取样槽中颗粒的分布率，得出颗粒沿径向的分布情况，见表 3.4。

表 3.4　模型 c 和模型 d 仿真结果对比

编号	c-WenYu/Gidaspow			d-Di Felice		
	1.3g/cm³	1.5g/cm³	2.4g/cm³	1.3g/cm³	1.5g/cm³	2.4g/cm³
1	0	0	0	0	0	0
2	0	0	0	0	0	0
3	21.24	38.84	87.52	27.03	30.50	85.72
4	55.06	53.91	12.48	57.38	38.99	14.28
5	23.70	7.25	0.00	15.59	30.50	0.00

由表 3.4 可知，模型 c、模型 d 仿真时，分别有 79.76%、69.5%的1.3g/cm³ 颗粒聚集在 4、5 号槽，87.52%、85.72% 的 2.2g/cm³ 颗粒聚集在 3 号槽，7.25%、15.59%的 1.5g/cm³ 的颗粒聚集在 5 号槽。由此可知，模型 c 相对模型 d 而言，更能反映颗粒在螺旋分选机中的分选趋势。需要注意的是，由于仿真是

在低浓度下进行，Gidaspow 模型在低浓度时实质就是 WenYu 模型。本章后续 CFD-EDEM 耦合模拟时均采用 WenYu 模型计算水流对颗粒的作用力。

3.4 入料性质对颗粒运动特性的影响规律

3.4.1 入料密度对颗粒运动轨迹的影响

采用 0.4 距径比、17°横向倾角的椭圆型螺旋分选机为数值模拟对象，分别以 1.3g/cm^3、1.5g/cm^3、2.2g/cm^3 的颗粒代表精煤、中煤和矸石，颗粒直径 1mm，从半径为 130mm 处进入螺旋槽，入料流量为 2.0m^3/h，颗粒入料速度与水的入料速度一致，探究不同密度颗粒在分选过程中的运动轨迹。

图 3.11（a）表示颗粒在前两圈的运动轨迹图，可以直观反映颗粒在运动过程中的轨迹变化情况，图 3.11（b）表示颗粒在运动过程中，回转半径（颗粒距离中心轴的距离）与角位移的关系曲线，可以进一步表征颗粒运动过程中回转半径的变化情况。由图 3.11 可知，颗粒进入螺旋槽后，颗粒回转半径增大，这主要是因为在流场初始阶段，流速较大，水流向外缘聚集的趋势较明显，因而回转半径先增大。在外缘壁面处，受壁面作用，上层水流迅速反向，沿槽面指向内缘运动，此时，三种密度颗粒的回转半径均减小。随着分选的进行，颗粒回转半径逐渐趋于较为稳定的状态，且低密度颗粒回转半径最大，高密度颗粒回转半径最低。

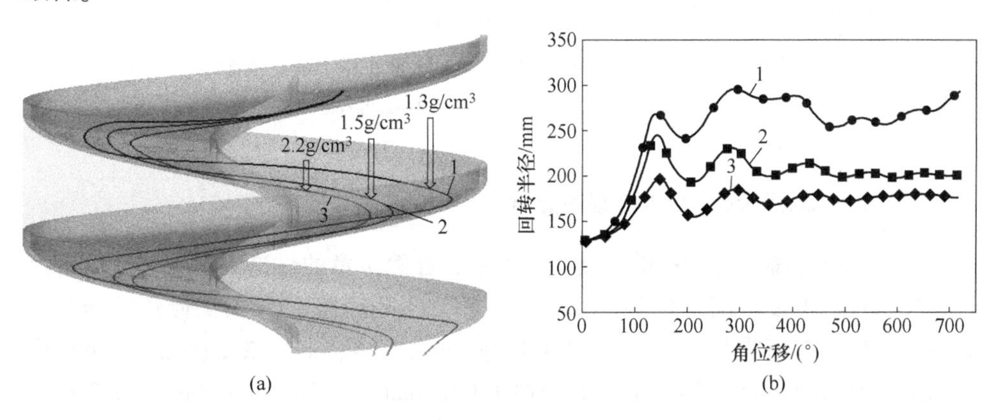

图 3.11 密度对运动轨迹的影响

（a）运动轨迹三维示意图；（b）颗粒回转半径与角位移的关系

1—1.3g/cm^3；2—1.5g/cm^3；3—2.2g/cm^3

图 3.12 反映了槽面对颗粒的支持力在分选过程中的变化情况，由支持力的变化情况可以初步判定颗粒在螺旋分选过程中的运动形式。由图 3.12 可知，随

着分选距离的增加，槽面对低密度颗粒的支持力恒为零，说明低密度颗粒在分选过程中并未与槽底接触，一直处于悬浮状态；在分选过程中，总体而言，槽面对中间密度颗粒和高密度颗粒的支持力大于零，但在初始阶段，中间密度颗粒不受壁面支持力，随着分选的进行，中间密度颗粒逐渐沉于槽底，从而受到槽面的支持力，但也存在支持力为零的情况，说明在这一阶段，中间密度颗粒的运动形式可视为跳跃；同理，高密度颗粒在初始阶段运动形式也为跳跃；随着分选距离的继续增加，中间密度颗粒和高密度颗粒运动形式趋于稳定，受到稳定的支持力作用，说明在这一阶段，中间密度颗粒和高密度颗粒的运动形式可视为在槽底的滚动；由图 3.12 还可以发现，槽面对中间密度颗粒的支持力小于对高密度颗粒的支持力，这主要是由颗粒间的密度差引起的。

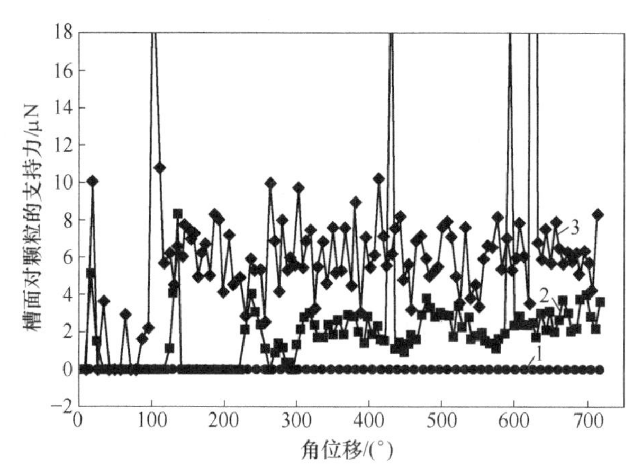

图 3.12　分选过程中不同密度颗粒壁面正压力变化规律

1—1.3g/cm³；2—1.5g/cm³；3—2.2g/cm³

3.4.2　入料粒度对颗粒运动轨迹的影响

入料粒度是螺旋分选机的重要工艺参数，在第 1 章的讨论中已探明，动力煤选煤厂入料粒度多范围为 0.1~2.0mm。采用 0.4 距径比、17°横向倾角的椭圆型螺旋分选机为数值模拟对象，分别以 1.3g/cm³、1.5g/cm³、2.2g/cm³ 的颗粒代表精煤、中煤和矸石，颗粒直径分别设为 0.125mm、0.25mm、0.50mm、0.75mm、1.00mm、1.25mm、1.50mm、2.00mm 八种，从半径为 130mm 处进入螺旋槽，入料流量为 2.0m³/h，颗粒入料速度与水的入料速度一致，探究不同入料粒度对颗粒在分选过程中运动轨迹的影响。图 3.13 表示不同密度下，颗粒粒度对回转半径的影响。

由图 3.13（a）可知，总体而言，粒度低于 2.00mm 时，颗粒粒度对低密度颗粒回转半径的影响较小，粒度为 2.00mm 时，低密度颗粒回转半径显著降低，说明采用传统粗煤泥螺旋分选机处理粗煤泥时，精煤过粗时，分选效果不佳；由图 3.13（b）可知，粒度在 0.75mm 及以下时，中间密度颗粒回转半径较大，与低密度的混杂现象严重，粒度大于 0.75mm 时，中间密度颗粒回转半径显著减小，说明螺旋分选机对细粒中煤的分选效果较差，说明采用传统粗煤泥螺旋分选机处理粗煤泥时，中间密度颗粒的粒度不宜过细；由图 3.13（c）可知，粒度在 0.25mm 及以下时，高密度颗粒回转半径较大，主要聚集在螺旋槽的外缘区域，与低密度颗粒的混杂较为严重，粒度大于 0.25mm 时，回转半径随颗粒粒度的增大而减小，总体而言，高密度颗粒回转半径靠近内缘，与低密度颗粒的径向分带较为清晰，说明采用传统粗煤泥螺旋分选机处理粗煤泥时，分选粒度下限在 0.25mm 左右。

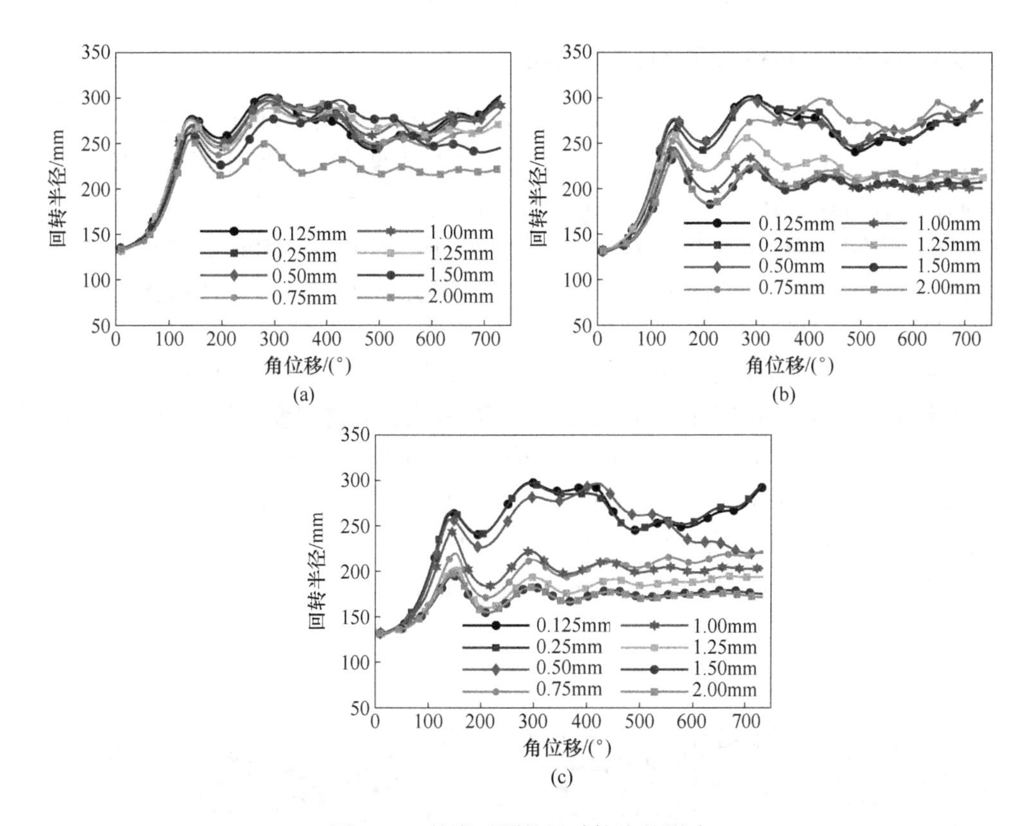

图 3.13　粒度对颗粒运动轨迹的影响

（a）1.3g/cm³；（b）1.5g/cm³；（c）2.2g/cm³

颗粒在螺旋分选过程中，存在等沉现象，粒度大密度小的颗粒同粒度小颗粒大的颗粒具有形同的沉降速度。等沉颗粒中，设密度粒度分别为 ρ_1、ρ_2 和 d_1、d_2，且 $\rho_2 > \rho_1$，等沉比 e_0 可由式（3.48）计算：

$$e_0 = \frac{d_1}{d_2} = \left(\frac{\chi_1}{\chi_2}\right)^m \times \left(\frac{\rho_2 - \rho_f}{\rho_1 - \rho_f}\right)^n \tag{3.48}$$

式中，ρ_f 表示流体密度，可取 1.0g/cm³；m、n 流态有关的系数，在应用多相流模型进行流场模拟时已探明，螺旋分选机中主要是弱紊流流态，此时 $m=1$，$n=2/3$；χ 表示颗粒球形系数，本章假定颗粒为球形颗粒，因此球形系数 $\chi=1$。密度不同的颗粒，假定 $\rho_1=1.3\text{g/cm}^3$，$\rho_2=2.2\text{g/cm}^3$，$d_1=1.0\text{mm}$。当颗粒粒度比大于等沉比时，由式（3.48）可以计算出 $d_2<0.4\text{mm}$，由图 3.13 可知，此时2.2g/cm³颗粒将运动到最外缘，颗粒不能实现良好的分选；当颗粒粒度比小于等沉比时，由式（3.48）可以计算出 $d_2>0.4\text{mm}$，由图 3.13 可知，此时 2.2g/cm³ 颗粒和 1.3g/cm³ 有较为明显的分带，可以实现较好的分选。

3.4.3　入料位置对颗粒运动轨迹的影响

采用 0.4 距径比、17°横向倾角的椭圆型螺旋分选机为数值模拟对象，分别以 1.3g/cm³、1.5g/cm³、2.2g/cm³ 的颗粒代表精煤、中煤和矸石，颗粒直径 1mm，沿径向取 6 个入口位置，分别记为 inlet 1、inlet 2、inlet 3、inlet 4、inlet 5、inlet 6，径向距离依次为 90mm、130mm、170mm、210mm、250mm、290mm，入料流量为 2.0m³/h，颗粒入料速度与水的入料速度一致，探究入料位置对颗粒在分选过程中回转半径的影响。

入料位置对颗粒运动轨迹的影响如图 3.14 所示。由图 3.14 可知，入料位置对低密度颗粒和中间密度颗粒的回转半径影响较大，对高密度颗粒的回转半径影响较小。由图 3.14（a）可知，低密度颗粒从 inlet 2、inlet 4、inlet 5 进入螺旋槽时回转半径较大；由图 3.14（b）可知，中间密度颗粒从 inlet 2、inlet 3、inlet 5、inlet 6 进入螺旋槽时回转半径较小；由图 3.14（c）可知，入料位置对高密度颗粒的回转半径影响不大，但从 inlet 4 进入螺旋槽时，颗粒回转半径波动较大。

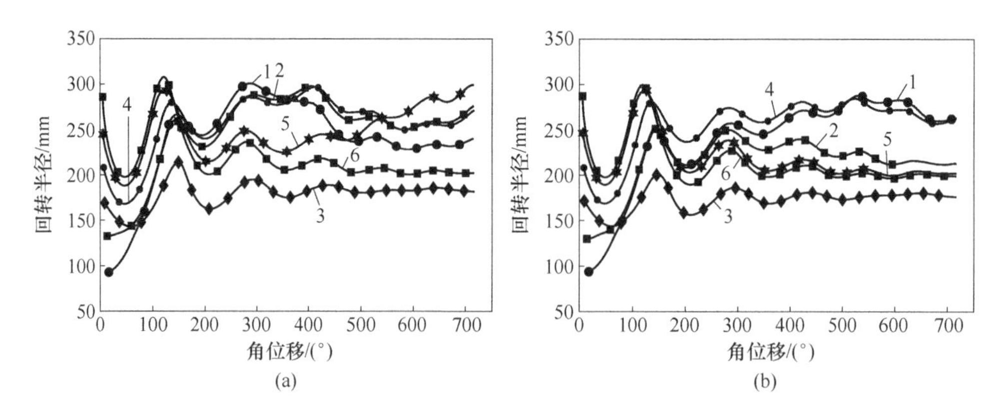

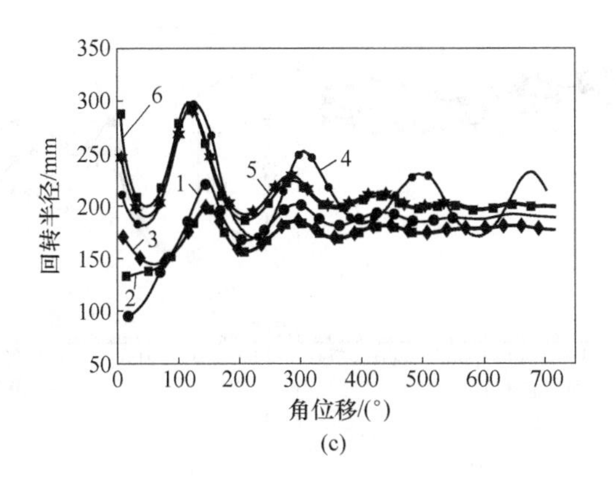

图 3.14 入料位置对颗粒运动轨迹的影响

(a) 1.3g/cm³; (a) 1.5g/cm³; (a) 2.2g/cm³

1—intel 1; 2—inlet 2; 3—inlet 3; 4—inlet 4; 5—inlet 5; 6—inlet 6

3.5 结构参数对颗粒分离运动的影响规律研究

横截面形状类型、横向倾角和螺距是螺旋分选机重要的三个结构参数。本节利用 CFD-EDEM 场耦合法，分别以 1.3g/cm³、1.5g/cm³、2.2g/cm³ 的颗粒代表精煤、中煤和矸石，颗粒直径 1mm，从 inlet 2 进入螺旋槽，入料流量为 2.0m³/h，颗粒入料速度与水的入料速度一致，探究结构参数对颗粒分离运动的影响规律，为螺旋分选机的优化设计提供指导。

3.5.1 横截面形状对单颗粒运动轨迹的影响

图 3.15 表示横截面形状对颗粒平衡半径的影响。由图 3.15（a）可知，在数值试验条件下，椭圆型、立方抛物线型及复合型槽面螺旋分选机中，1.3g/cm³ 颗粒回转半径总体差距不大，相对来说，在数值试验范围内，1.3g/cm³ 颗粒在立方抛物线型槽面中的回转半径较大，但在第 2 圈末端，1.3g/cm³ 颗粒在椭圆型槽面中的回转半径增大趋势明显，1.3g/cm³ 颗粒在椭圆型槽面中的回转半径则有显著减小；由图 3.15（b）可知，在数值试验条件下，1.5g/cm³ 颗粒回转半径在立方抛物线型螺旋分选机中最大，在复合型槽面中最小；由图 3.15（c）可知，在数值试验条件下，2.2g/cm³ 颗粒回转半径在椭圆型、立方抛物线型和复合型槽面螺旋分选机中回转半径差距不大，且复合型槽面螺旋分选机中2.2g/cm³ 颗粒回转半径最小。综上，在其他参数一致时，复合型槽面更容易将1.5g/cm³、2.2g/cm³ 颗粒聚集在内缘，椭圆型、立方抛物线型槽面更适于将 1.3g/cm³ 颗粒聚集在外缘。

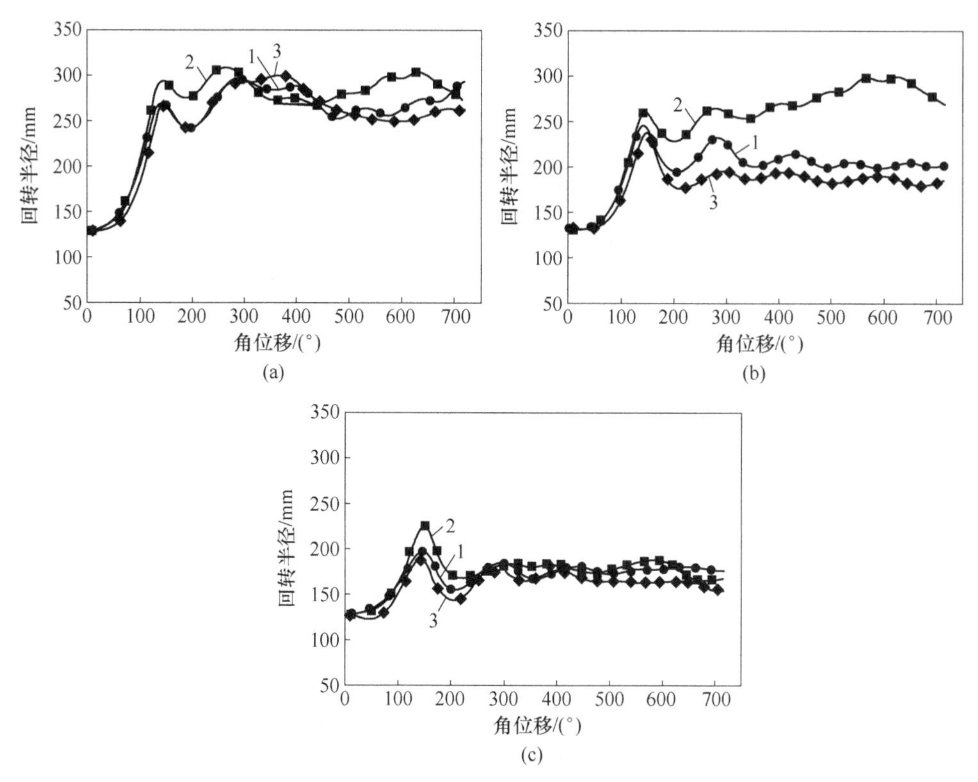

图 3.15 横截面形状对单颗粒运动轨迹的影响

(a) 1.3g/cm³; (b) 1.5g/cm³; (c) 2.2g/cm³

1—p/D=0.40，λ=17°，椭圆型；2—p/D=0.40，λ=17°，立方抛物线型；3—p/D=0.40，λ=17°，复合型

3.5.2 横向倾角对单颗粒运动轨迹的影响

横向倾角对颗粒平衡半径的影响如图 3.16 所示。由图 3.16（a）可知，在数值试验范围内，横向倾角对 1.3g/cm³ 颗粒回转半径影响不大；由图 3.16（b）

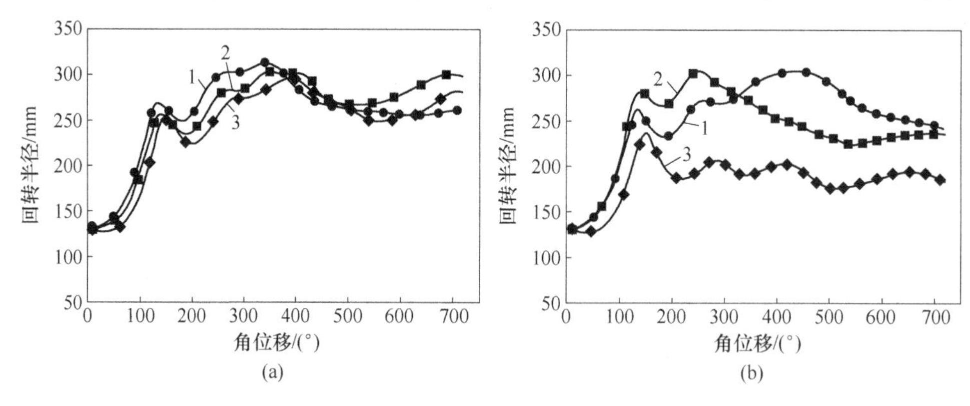

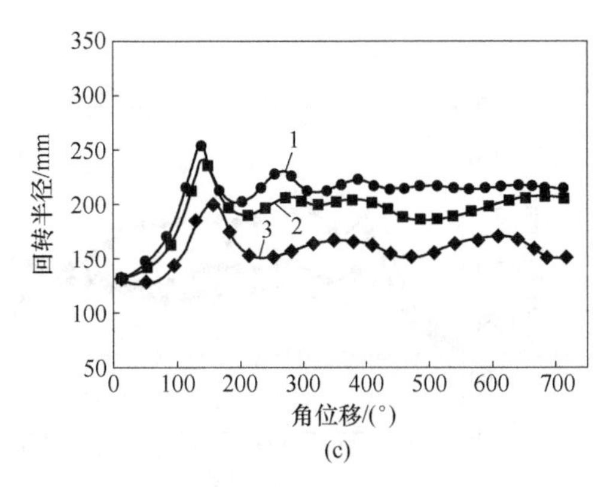

(c)

图 3.16 横向倾角对单颗粒运动轨迹的影响

(a) 1.3g/cm^3；(b) 1.5g/cm^3；(c) 2.2g/cm^3

1—p/D=0.40，λ=13°，复合型；2—p/D=0.40，λ=15°，复合型；3—p/D=0.40，λ=19°，复合型

可知，在数值试验范围内，1.5g/cm^3 颗粒回转半径随横向倾角增大而减小；由图 3.16（c）可知，在数值试验范围内，增大横向倾角可以显著降低 2.2g/cm^3 颗粒回转半径。综上，在数值试验范围内，1.5g/cm^3、2.2g/cm^3 颗粒回转半径随横向倾角的增大而减小，1.3g/cm^3 颗粒回转半径受横向倾角的影响较小。

3.5.3 距径比对单颗粒运动轨迹的影响

距径比对颗粒回转半径的影响如图 3.17 所示。由图 3.17（a）可知，在数值试验范围内，距径比对 1.3g/cm^3 颗粒回转半径影响不大；由图 3.17（b）可知，在数值试验范围内，降低距径比可以显著降低 1.5g/cm^3 颗粒回转半径；由图 3.17（c）可知，在数值试验范围内，2.2g/cm^3 颗粒回转半径随距径比的减小而减小。综上，在数值试验范围内，减小距径比可以减小 1.5g/cm^3、2.2g/cm^3 颗粒的回转半径，距径比对 1.3g/cm^3 颗粒回转半径的影响较小，也就是说，突破煤用螺旋分选机距径比不低于 0.4 的限制有望进一步提升分析效果。

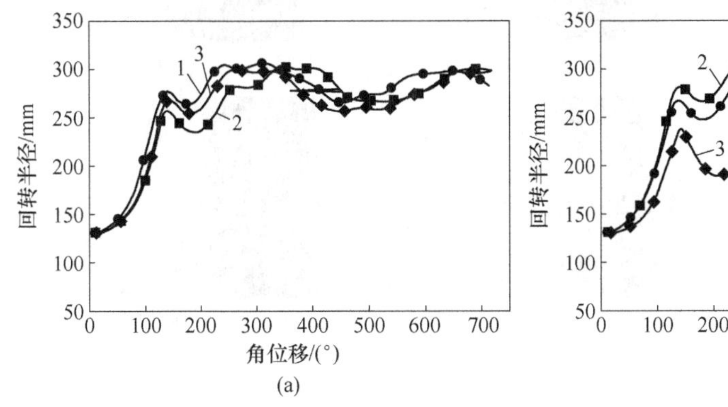

(a)

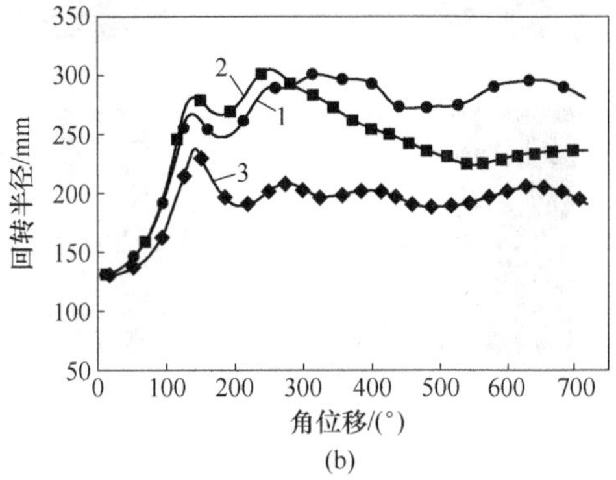

(b)

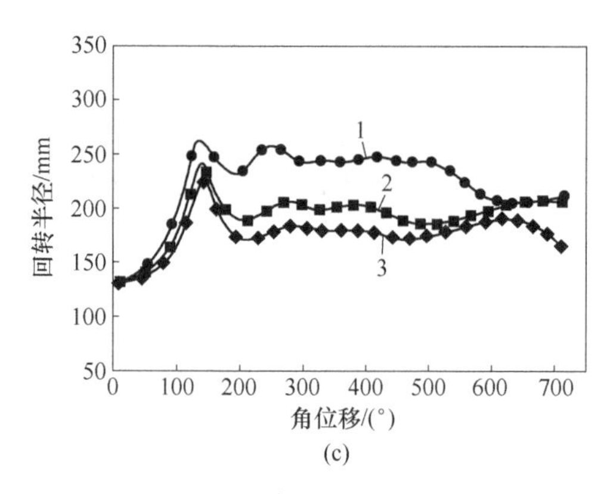

(c)

图 3.17　距径比对单颗粒运动轨迹的影响

（a）1.3g/cm³；（b）1.5g/cm³；（c）2.2g/cm³

1—p/D=0.50，λ=15°，复合型；2—p/D=0.40，λ=15°，复合型；3—p/D=0.37，λ=15°，复合型

3.5.4　结构参数对颗粒群运动轨迹的影响

为了进一步模拟结构参数对颗粒运动轨迹的影响，对不同结构参数螺旋分选机进行颗粒群的数值试验。入料粒度在 1.0~1.5mm 之间随机分布，以 1.3g/cm³、1.5g/cm³、2.2g/cm³ 的颗粒代表精煤、中煤和矸石，在 1%入料浓度，2.0m³/h 流量下用 Wen-Yu 模型进行数值模拟，截料端分为 10 个槽，颗粒在出料口沿径向的分布如图 3.18 所示。

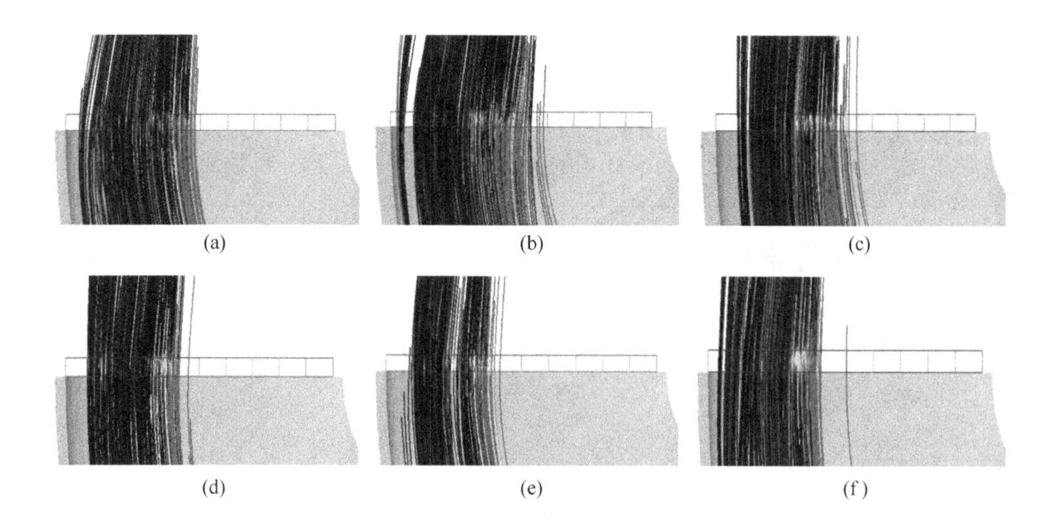

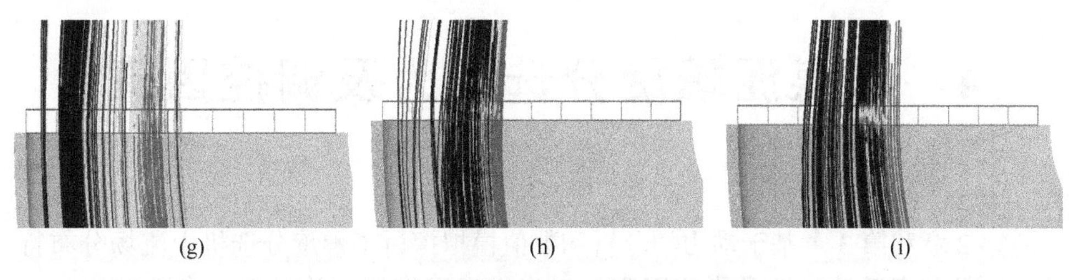

图 3.18 结构参数对颗粒群轨迹分布的影响

(a) $p/D=0.40$, $\lambda = 17^{\circ}$, 椭圆型; (b) $p/D=0.40$, $\lambda = 17^{\circ}$, 抛物线型;
(c) $p/D=0.40$, $\lambda = 17^{\circ}$, 复合型; (d) $p/D=0.40$, $\lambda = 19^{\circ}$, 复合型;
(e) $p/D=0.40$, $\lambda = 15^{\circ}$, 复合型; (f) $p/D=0.40$, $\lambda = 13^{\circ}$, 复合型;
(g) $p/D=0.50$, $\lambda = 15^{\circ}$, 复合型; (h) $p/D=0.40$, $\lambda = 15^{\circ}$, 复合型;
(i) $p/D=0.37$, $\lambda = 15^{\circ}$, 复合型

由图 3.18 可知，各结构参数下，精煤（1.3g/cm^3 颗粒）主要分布在外缘、矸石（2.2g/cm^3 颗粒）主要分布在内缘（相对精煤靠内）、中煤（1.5g/cm^3 颗粒）在精煤带和尾煤带均有一定混合；立方抛物线型、复合型槽面相对椭圆型而言，有更多的矸石颗粒向内缘聚集，对矸石的聚集效果更好；横向倾角对颗粒的运动轨迹有较大影响，以 15°横向倾角作为参考标准，增加倾角到 19°时，精煤、中煤、尾煤都有向内缘靠近的趋势，减小倾角至 13°时，精煤更容易向外缘聚集；距径比对颗粒的运动也有较大影响，距径比降低，颗粒有向内缘靠近的趋势。0.37 距径比时，在保持良好分带的同时，矸石向内缘运动的趋势更明显，说明距径比继续降低，突破煤用螺旋分选机距径比不低于 0.4 的限制，有望在保证分选效果的同时进一步促进中高密度级颗粒向内缘运动的趋势。

4　粗煤泥螺旋分选行为及调控因素

第2章和第3章基于动力学分析和数值模拟探讨了螺旋分选机中流场分布特征、颗粒分离运动特性及影响因素，初步提出了煤用螺旋分选机参数的优化方向。本章在传统煤用螺旋分选机基础上，设计了6台不同结构参数螺旋分选机，以唐山范各庄选煤厂粗煤泥煤试验煤样，探讨了操作参数对螺旋分选效果的影响因素，进而研究了结构参数对颗粒径向分布规律的影响；此外，揭示了颗粒在粗煤泥螺旋分选过程中沿径向的分布规律，提出结构参数对不同密度煤泥颗粒径向分布的影响规律，为煤用螺旋分选机的进一步优化提供事实依据。

4.1　粗煤泥煤质分析及螺旋分选机样机设计

4.1.1　试验样品来源及煤质分析

试验采自唐山范各庄选煤厂粗煤泥，脱去-0.25mm细煤泥后，取1~0.25mm作为螺旋分选试验煤样。试验煤样分别按照《煤炭筛分实验方法》(GB/T 477—2008) 和《煤炭浮沉实验方法》(GB/T 478—2008) 对煤样性质进行分析，其粒度组成和密度组成见表4.1和表4.2；依据表4.2绘制可选性曲线如图4.1所示。

表4.1　原煤粒度组成

粒度/mm	产率/%	灰分/%	筛上累计		筛下累计	
			产率/%	灰分/%	产率/%	灰分/%
1~0.71	19.81	34.89	100.00	39.13	19.81	34.89
0.71~0.5	28.97	37.97	80.19	40.18	48.78	36.72
0.5~0.25	49.80	40.99	51.22	41.42	98.58	38.88
<0.25	1.42	56.74	1.42	56.74	100.00	39.13
合计	100.00	39.13				

由表4.1可知，试验煤样总体灰分较高，达39.13%；-0.25mm粒级颗粒占1.42%，细煤泥较少，说明筛分脱去细煤泥（-0.25mm）较彻底；随着粒级的降低，各粒度产率增大，0.50~0.25mm为主导粒级；随着粒级的降低，灰分也逐

渐增大，1~0.71mm、0.71~0.50mm、0.50~0.25mm 粒级灰分分别为 34.89%、37.97%、40.99%。

表 4.2 原煤密度组成

密度级 /g·cm^{-3}	产率/%	灰分/%	浮物累计		沉物累计		分选密度（±0.1）	
			产率/%	灰分/%	产率/%	灰分/%	密度/g·cm^{-3}	产率/%
<1.3	13.76	4.95	13.76	4.95	100.00	39.92	1.3	38.07
1.3~1.4	24.32	7.57	38.07	6.62	86.24	45.50	1.4	35.45
1.4~1.5	11.14	18.11	49.21	9.22	61.93	60.39	1.5	16.77
1.5~1.6	5.64	28.07	54.85	11.16	50.79	69.67	1.6	11.06
1.6~1.8	5.42	39.40	60.27	13.70	45.15	74.86	1.7	5.42
>1.8	39.73	79.70	100.00	39.92	39.73	79.70		
合计	100.00	39.92						

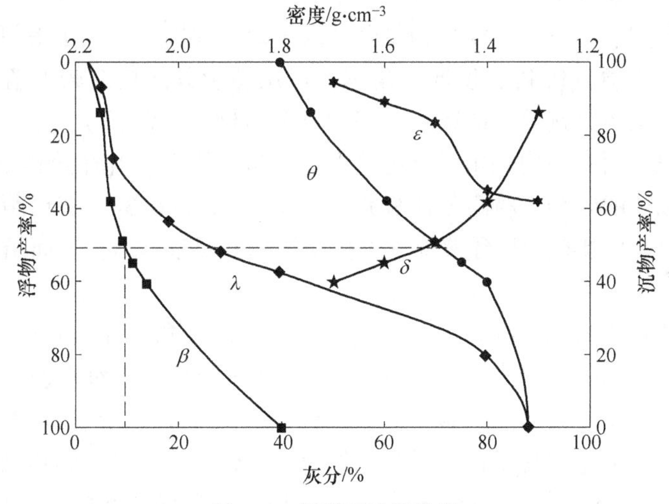

图 4.1 原煤可选性曲线

由表 4.2 可知，试验煤样主导密度级为-1.4g/cm^3 与+1.8g/cm^3 颗粒，产率分别为 38.07%、39.92%，中间密度级（1.4~1.8g/cm^3）颗粒较少，占 22.0%。随着密度级的增大，灰分也逐渐增大。分选密度较高时，分选密度（±0.1）含量较低。按照《煤炭可选性评定方法》（GB/T 16417—1996）规定可知，随着分选密度的升高，试验煤样可选性由难选变为中等可选及易选。

由图 4.1 进一步发现，当精煤灰分指标要求为 11%时，理论产率为 56.12%，理论分选密度为 1.62g/cm^3，分选密度（±0.1）含量约为 10%；也就是说，当理论分选密度高于 1.62g/cm^3 时，分选密度（±0.1）含量低于 10%，可选性等级为易选。当精煤灰分指标要求为8.7%时，理论产率为47.50%，理论分选密度为1.48g/cm³，分选密度（±0.1）含量约为20%；也就是说，当理论分选密度在1.48~1.62g/cm³之间时，分选密度（±0.1）含量介于10%~20%，可选性等级为中等可选。通常认为螺旋分选机适宜于分选可选性较好的粗煤泥，常规螺旋分选机用于处理本实验煤样时，当灰分要求高于11%，即理论分选密度高于1.62g/cm³时，是可以达到要求的。

4.1.2　螺旋分选机样机设计及槽面结构特性

横截面形状是螺旋分选机的重要设计参数，从公开发表的文献来看，立方抛物线和椭圆型槽面是两种基础的槽面形状。针对同一处理对象，椭圆型槽面和立方抛物线槽面对螺旋分选效果的影响目前未见有文献报道。

煤用螺旋分选机适宜的距径比范围在0.4~0.6之间，横向倾角在9°~15°之间。增加横向倾角和降低距径比均有利于中高密度级颗粒向内缘聚集。结合实验用的粗煤泥矸石以及低密度颗粒含量较多的特点，本章首先设计了三台横截面形状分别为椭圆型、立方抛物线型和复合型的螺旋分选机，距径比采用当前煤用螺旋分选机的较小值（0.4），横向倾角选择煤用螺旋分选机的较大值（17°），探究槽面形状类型对分选效果的影响；基于复合型槽面，制备了一台15°横向倾角的螺旋分选机，研究横向倾角对分选效果的影响；基于15°横向倾角螺旋分选机，突破距径比0.4的限制，将距径比分别降低至0.37和0.34，探讨距径比对粗煤泥螺旋分选过程的影响。6台螺旋分选机结构参数见表4.3，槽面结构特性如图4.2所示。

从图4.2可以看出，抛物线1、2、3号槽横向倾角在4°~10°之间变化，椭圆型1、2、3号槽的局部横向倾角在0°~15°之间变化，相对来说，立方抛物线在内缘区（1号槽）局部横向倾角更大，椭圆型在中间区域（2、3号槽）局部横向倾角更大；无论何种横截面形状，外缘（4槽）局部横向倾角激增。相对于17°横向倾角，横向倾角为15°时横截面各处局部横向倾角在同等条件下均较小。距径比降低，螺旋槽各处的纵向倾角也降低，内缘降低幅度更大。

表4.3　不同螺旋分选机设计参数汇总

序号	横截面形状	横向倾角/(°)	距径比	分选圈数	内径/mm	外径/mm
S_1	椭圆型	17	0.4	5	65	325
S_2	抛物线型	17	0.4	5	65	325
S_3	复合型	17	0.4	5	65	325
S_4	复合型	15	0.4	5	65	325
S_5	复合型	15	0.37	5	65	325
S_6	复合型	15	0.34	5	65	325

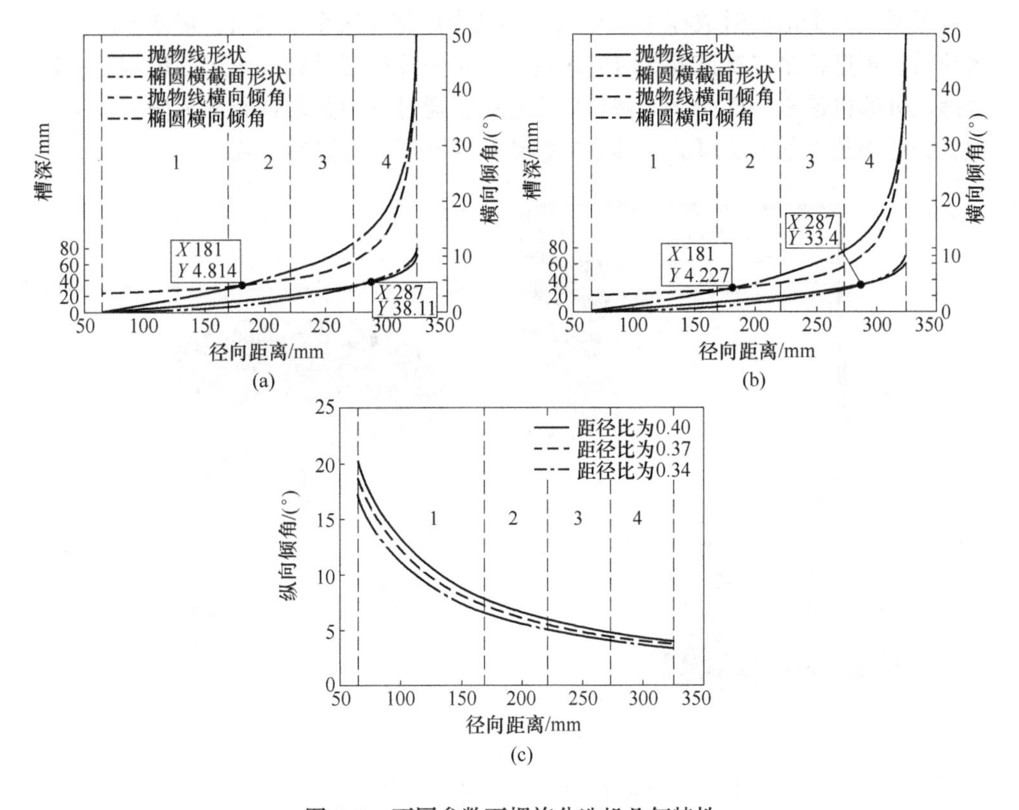

图 4.2 不同参数下螺旋分选机几何特性

(a) 17°横向倾角椭圆型与抛物线型槽面特性；(b) 15°横向倾角椭圆型与抛物线型槽面特性；(c) 不同距径比下纵向倾角随径向距离的变化规律

4.2 螺旋分选试验系统及分选评价指标

本章所用试验系统如图 4.3 所示。为了便于分析颗粒沿径向的分布情况，出料端设计有 4 个取样槽。试验前开启清水循环，分别清洗入料器、槽面、截料器、管道、搅拌桶及泵体，清除煤泥沉积，防止杂物污染和各环节滴漏。粗煤泥与水按一定质量比（15%~35%）倒入搅拌桶中配制矿浆，开启回流阀让矿浆在搅拌槽和泵之间循环。接着开启入料阀让矿浆进入螺旋分选机，调整电机变频器频率，使流量满足试验要求。系统闭路循环 3min，使选别过程趋于稳定，然后在截料端采用“断流全接”的方法进行取样，取样时间为 4s，将所取样品经过滤、烘干、测灰、浮沉试验，得出分选指标，完成单次试验。

为了保证试验数据具有可比性，进行常规试验时，统一添加 30kg 水，根据试验的浓度要求给入相应的煤泥质量，调整变频器控制流量，闭路双循环 3min

后对截料端 4 个槽同时取样 4s；单次试验结束后将矿浆全部取出，清洗干净试验系统后，再进行第二次试验。研究螺旋分选机分选长度对分选效果的影响时，保持螺旋分选机最末一圈始终与截料器相连接，通过拆卸其余各圈螺旋槽完成不同螺旋分选圈数下的分选试验，其余操作步骤与常规分选试验一致。

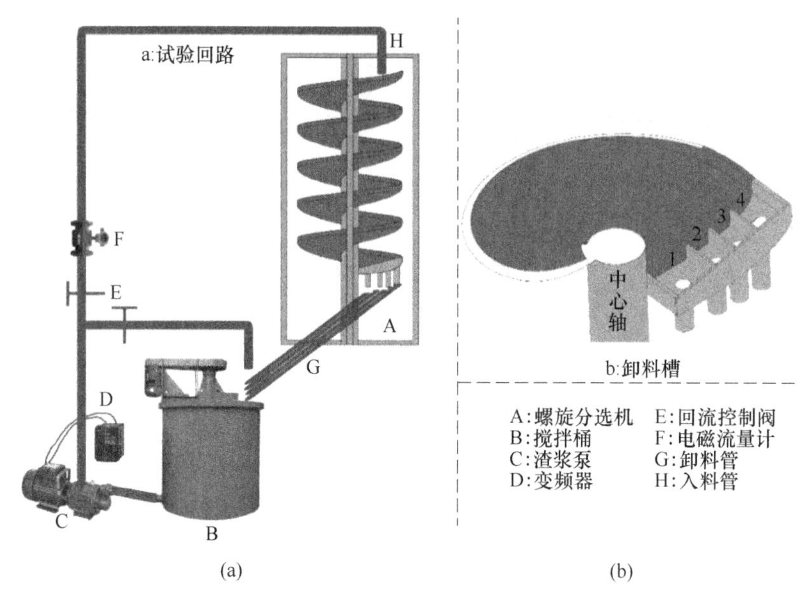

图 4.3 螺旋分选实验回路和卸料断截料器分布

（a）螺旋分选实验回路；（b）卸料断截料器分布

用各取样槽的分布律和灰分作为螺旋分选行为的基本评价指标。各取样槽分布律可由式（4.1）计算：

$$P_{ij} = \frac{m_{ij}}{\sum_{j=1}^{4} m_{ij}} \times 100\% \tag{4.1}$$

式中，i 表示圈层序号，1~5 分别代表第 1~5 圈；j 表示取样槽编号，1~4 分别表示 1~4 号槽；P_{ij} 表示第 i 圈位置 j 的分布律，%，m_{ij} 表示第 i 圈位置 j 的产品质量。

分析不同密度颗粒沿径向的分布时，用不同密度颗粒的分布律表示，可按式（4.2）计算：

$$P_{ijm} = \frac{\gamma_{ijm} \times P_{ij}}{\sum_{j=1}^{4} (\gamma_{ijm} \times m_{ij})} \times 100\% \tag{4.2}$$

式中，m 为密度级序号，序号 1~6 分别代表密度级 1.3g/cm^3 以下、1.3~1.4 g/cm^3、1.4~1.5g/cm^3、1.5~1.6g/cm^3、1.6~1.8g/cm^3、1.8g/cm^3 以上；γ_{ijm} 表示第 i 圈取样槽 j 密度级 m 的产率；P_{ijm} 表示第 i 圈取样槽 j 密度级 m 的分布律。

采用降灰比（Ash Downgrad Ratio，DGR）和 K 值评价各取样槽降灰效果，其计算公式如下：

$$\mathrm{DGR} = \frac{A_j}{A_y} \times 100\% \tag{4.3}$$

$$K = \frac{\gamma_j}{\mathrm{DGR}} \tag{4.4}$$

式中，A_j 为精煤灰分，%；A_y 为原煤灰分，%；γ_j 为精煤产率，%。

DGR 表示精煤灰分与原煤灰分的比值，反映了分选的降灰效果，K 值表示精煤产率与降灰比的比值，K 值越大，精煤产率越大，降灰比越小。由于 DGR 和 K 值受原煤性质影响比较大，评价螺旋分选效果时具有一定的局限性。通常认为，在原煤资料相差不大时，用 DGR 和 K 值评定设备的降灰效果是可行的[88, 162]。

螺旋产品的产率、灰分是最基本的产品质量指标，在重力选煤中，也常用可能偏差 E、不完善度、数量效率、错配物含量来评价分选效果的好坏[19]。对精煤、尾煤产品进行浮沉试验，通过统计颗粒在产物中按密度分配的规律（分配律），绘制分配曲线，进而利用分配曲线求得相应的评价指标。可能偏差 E 和不完善度 I 的计算公式如下：

$$E = \frac{1}{2}(\delta_{75} - \delta_{25}) \tag{4.5}$$

$$I = \frac{E}{\delta_p - 1} \tag{4.6}$$

式中，δ_{75}、δ_{25} 表示分配律为 75%、25%时对应的重产物密度；δ_p 表示分选密度，即重产物分配律为 50%时对应的密度；需要注意的是，国标《煤用重选设备工艺效果评定方法》规定，在评价设备重选效果时 E、I 值均取 3 位小数，且不完善度只能用于评价水介质设备的分选效果。

4.3 操作参数对螺旋分选效果的影响

4.3.1 浓度、流量以及截料位置对分选效果的影响

螺旋分选机中，最常见的操作参数是入料浓度、流量以及截料器位置。相对于传统的正交实验设计，响应面法实验设计可以分析因素间的相互作用，可以预测因素的最佳组合及相应的最优响应值。近几年，响应面已成功应用于研究操作参数对铁矿、铬铁矿等矿物分选效果的影响[30, 75, 97, 163]。本章以椭圆型 17°横向倾角，0.4 距径比螺旋分选机为样机，将入料浓度、流量以及截料器位置视为响应因素，精煤降灰比、精煤产率视为响应值，经过前期探索，确定了实验用螺旋

分选机操作参数范围，基于 Box-Behnken 设计了 3 因素 3 水平的响应面试验，试验结果和响应值回归模型的方差分析见表 4. 4 和表 4. 5，通过回归模型得到的计算值与实际值的对比如图 4. 4 所示。

表 4. 4　响应面因素设计和实验结果

序号	浓度 A/%	流量 $B/m^3 \cdot h^{-1}$	截料位置 C/mm	DGR	产率/%
1	25	2. 2	80	0. 26	43. 96
2	25	3	50	0. 27	37. 67
3	15	1. 4	80	0. 24	39. 1
4	35	2. 2	110	0. 35	54. 46
5	25	2. 2	80	0. 27	46. 16
6	25	2. 2	80	0. 26	43. 96
7	25	2. 2	80	0. 27	46. 16
8	15	3	80	0. 26	46. 46
9	35	2. 2	50	0. 25	30. 04
10	35	3	80	0. 29	49. 02
11	15	2. 2	50	0. 24	31. 12
12	25	1. 4	50	0. 24	27. 15
13	15	2. 2	110	0. 31	53. 84
14	25	1. 4	110	0. 32	53. 48
15	25	3	110	0. 38	59. 35
16	35	1. 4	80	0. 27	43. 69
17	25	2. 2	80	0. 27	46. 16

表 4. 5　响应值回归模型的方程分析

来源	DGR 回归模型方差分析				产率回归模型方差分析			
	平方和	均方	F 值	P 值	平方和	均方	F 值	P 值
模型	0. 022	0. 002	30. 91	<0. 0001	1269. 5	141. 07	70. 41	<0. 0001
A	0. 002	0. 002	20. 96	0. 0025	5. 59	5. 59	2. 79	0. 1386
B	0. 002	0. 002	24. 09	0. 0017	105. 58	105. 58	52. 7	0. 0002
C	0. 015	0. 015	184. 57	<0. 0001	1131. 8	1131. 81	564. 91	<0. 0001
AB	0	0	0. 01	0. 9095	1. 03	1. 03	0. 51	0. 4967
AC	0	0	1. 76	0. 2263	0. 72	0. 72	0. 36	0. 5664

续表 4.5

来源	DGR 回归模型方差分析				产率回归模型方差分析			
	平方和	均方	*F* 值	*P* 值	平方和	均方	*F* 值	*P* 值
BC	0	0	3.94	0.0875	5.38	5.38	2.68	0.1454
A^2	0	0	4.29	0.0771	7.75	7.75	3.87	0.0899
B^2	0	0	4.4	0.074	2.01	2.01	1	0.3498
C^2	0.003	0.003	34.38	0.0006	9.57	9.57	4.78	0.0651
回归值	0.001	0	—	—	14.02	2	—	—
失拟项	0	0	4.44	0.092	9.04	3.01	2.42	0.2063
残差	0	0	—	—	4.98	1.25	—	—
总残差	0.023	—	—	—	1283.6	—	—	—

利用 Design Export 软件对实验数据进行回归分析，可以得到响应因素与响应值之间的回归方程。回归模型方差分析中的 *P* 值常用来判断回归模型中各项与响应值之间的显著性[164]。$P \leqslant 0.05$，说明响应值与各因素的回归方程是显著的；$P \leqslant 0.01$，说明响应值与各因素的回归方程是极显著的；$P>0.05$，则说明响应值与各因素的回归方程不显著，拟合误差较大。此外，失拟项表征了回归方程的拟合误差，应越小越好，对应的 *P* 值应越大越好。失拟项 *P* 值越大，说明预测值与实际值的非正常误差所占比例越小[165]。由表 4.5 可知，DGR 回归模型的 $P<0.0001$，失拟项的 $P>0.05$，DGR 的回归模型极显著而失拟项不显著，说明基于响应面实验得出的回归模型是可以使用的。同理，产率的回归模型也是可以使用的。由表 4.5 还可得出，在螺旋分选机操作参数中，在实验所测试的因素水平下，影响精煤降灰比和精煤产率的因素按主次排序为截料位置>流量>浓度，回归模型中，截料位置对响应值的影响极显著。

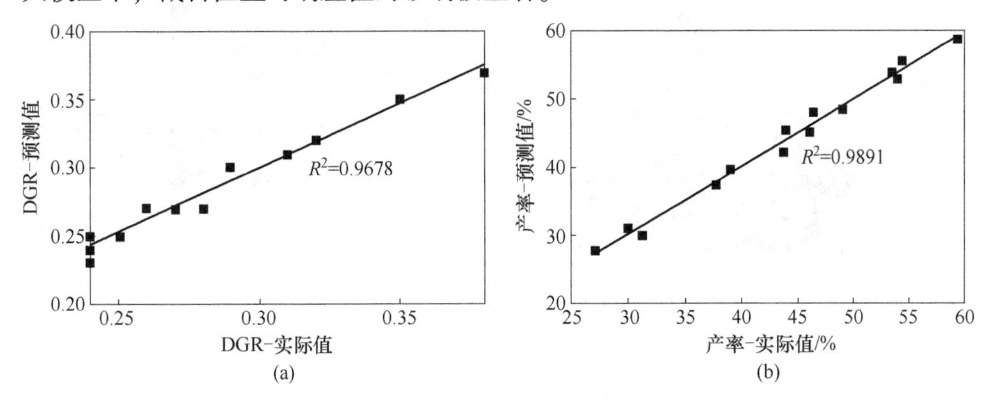

图 4.4　实际值与预测值对比

（a）DGR；（b）产率

图 4.4 表示实验值与预测值之间的对应关系。可以看出，DGR 与产率回归方程的回归系数分别为 0.9678 和 0.9891，表明方程拟合较好，相应因素与响应值线性关系显著，预测值与实际值较为接近。

图 4.5 表示变量与响应值之间的三维曲面图。从图 4.5 可以看出，在所设计

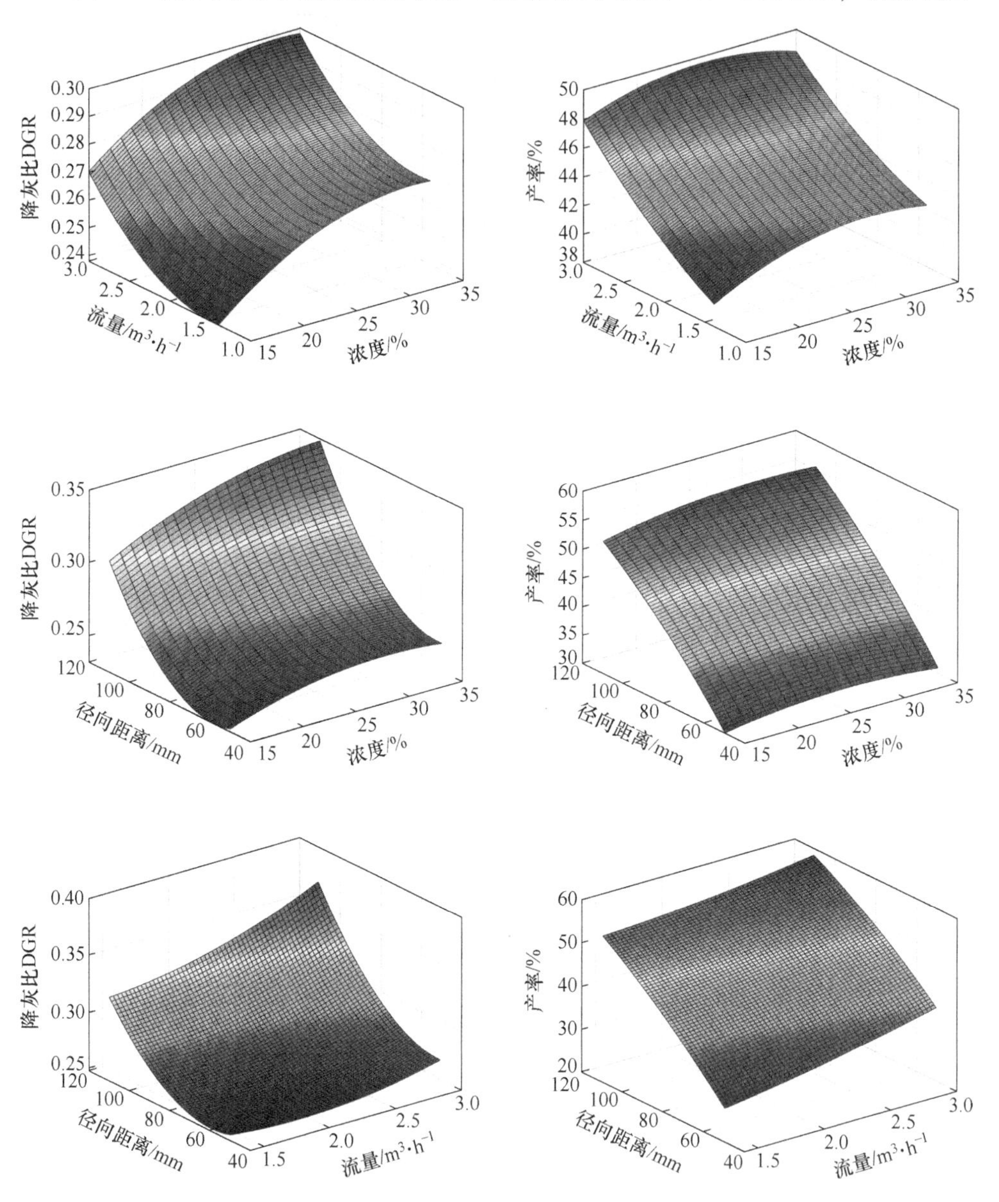

图 4.5　各因素交互作用的 3-D 响应面图

的实验范围内，增大截料器位置、流量及浓度，精煤降灰比和产率也随之增加，且截料器位置的改变对响应值影响最大，其次为流量，再次为浓度；入料浓度超过25%时，响应值受浓度的影响变缓。从各曲面的形状可以看出，在实验条件范围内，操作参数之间的交互作用较小。

4.3.2 入料粒级对分选效果的影响

为了探究入料粒级对分选效果的影响，将原煤分成5个粒度级，1～0.71mm、0.71～0.5mm、0.5～0.25mm、0.25～0.125mm、-0.125mm。利用图4.3所示的实验回路，在入料流量为2.0m³/h条件下，依次用不同粒级颗粒配置25%质量浓度的矿浆，以椭圆型17°横向倾角，0.4距径比螺旋分选机为样机进行分选实验。各取样槽的灰分及产率见表4.6，各取样槽的降灰比如图4.6所示。

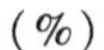

表4.6 各粒级分选实验产品数量指标 (%)

编号	1～0.71mm		0.71～0.5mm		0.5～0.25mm		0.25～0.125mm		-0.125mm	
	产率	灰分	产率	灰分	产率	灰分	产率	灰分	产率	灰分
1	19.60	80.05	27.62	80.97	22.38	80.40	35.54	79.71	17.44	72.27
2	13.10	50.12	16.02	54.05	20.12	62.57	28.51	73.21	20.21	76.43
3	27.40	17.18	21.85	14.23	22.34	19.07	19.25	27.45	44.15	27.21
4	39.90	8.66	34.50	8.64	35.15	10.67	16.70	14.92	18.21	40.20

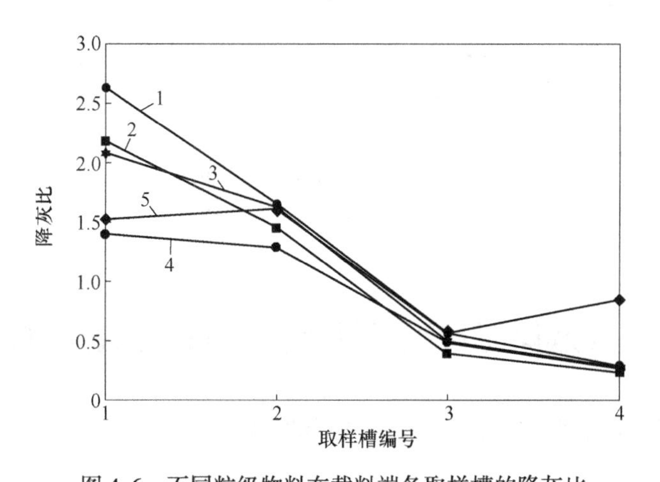

图4.6 不同粒级物料在截料端各取样槽的降灰比

1—1～0.71mm；2—0.71～0.5mm；3—0.5～0.25mm；4—0.25～0.125mm；5—-0.125mm

结合表4.6、图4.6可知，试验用螺旋分选机在处理1～0.125mm粗煤泥时分选效果显著，灰分沿径向由内至外有明显的降低，0.71～0.5mm煤泥降灰成果最显著；对-0.125mm 颗粒而言，最外缘 4 号槽的灰分高达 40.20%，降灰效果不显著。

为了进一步分析入料粒级对螺旋分选效果的影响，假定 3、4 号槽产品为精煤，1、2 号槽产品为尾煤，对精煤、尾煤进行浮沉试验，得出分选密度、可能偏差 E 值与入料粒级的对应关系，如图 4.7 所示。从图 4.7 中可以看出，入料粒级减小，分选密度、可能偏差先减小后增大。说明实验用的螺旋分选机对 0.71~0.5mm 煤泥分选较好，且该螺旋分选机分选粒度下限为 0.125mm，低于该粒级，分选效果不理想。

此外，由图 4.7 还可以看出，对于 0.5~0.25mm、0.25~0.125mm 颗粒，入料粗细比例均为 2，其分选指标 E 值相似；对于粗细比类似的 1~0.71mm、0.71~0.5mm 颗粒，1~0.71mm 分选的 E 值略高，说明粗细比相似时，E 值也接近，且粒级越窄，分选精度越高。

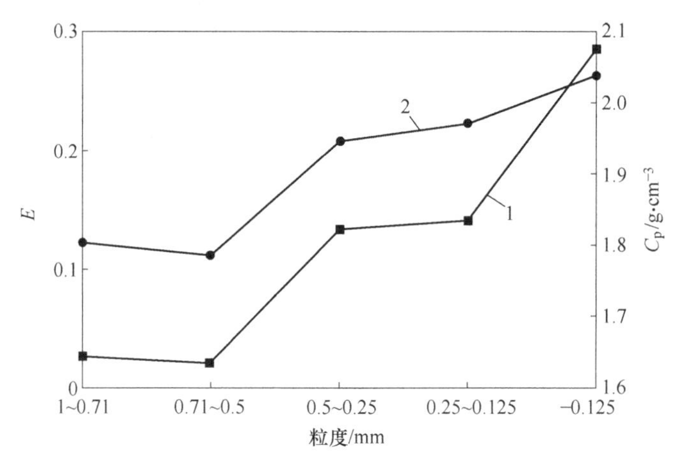

图 4.7　入料粒级对 E 值/C_p 值的影响

1—C_P；2—E

4.4　入选煤泥粒级对螺旋分选特性的影响规律

4.4.1　窄粒级煤泥螺旋分选特性及颗粒运动规律

4.4.1.1　1.5~1.0mm 粒级煤泥螺旋分选行为

试验用 1.5~1.0mm 的煤泥作分选入料，在距径比分别为 0.4、0.37 和 0.34 的螺旋分选机中进行分选试验，研究不同距径比对 1.5~1.0mm 煤泥的分选效果。试验结果和数据处理见表 4.7。

由表 4.7 可知，对于 1.5~1.0mm 煤泥，0.4 距径比螺旋分选机的精煤产率和精煤回收率比 0.37 距径比和 0.34 距径比螺旋分选机的高，但 0.34 距径比螺旋分机的降灰比比 0.37 距径比和 0.4 距径比螺旋分选机的低，同时 0.34 距径比螺旋分选机的 K 值比 0.37 距径比和 0.4 距径比螺旋分选机的高。这说明分选 1.5~1.0mm 煤泥 0.34 距径比螺旋分选机的效果要比 0.37 距径比和 0.4 距径比螺旋分选机的好，即 1.5~1.0mm 粗粒级煤泥适于低螺距（0.34）分选。

表 4.7 1.5~1.0mm 煤泥分选效果 (%)

小槽编号及分选指标	0.4		0.37		0.34	
	产率	灰分	产率	灰分	产率	灰分
1	15.36	59.81	21.77	58.33	19.04	63.68
2	15.07	40.98	16.9	27.66	13.19	34.42
3	24.14	19.42	44.55	11.24	34.57	11.96
4	45.43	9.17	16.79	10.95	33.2	10.29
精煤（3+4）	69.57	12.73	61.34	11.16	67.77	11.14
尾煤（1+2）	30.43	50.49	38.67	44.93	32.23	51.7
回收率	35.14		26.84		29.6	
降灰比	52.553		46.08		46.01	
K 值	1.32		1.33		1.47	

由图 4.8 可以得到，距径比为 0.4 时，分选密度为 1.80g/cm^3，可能偏差为 0.200，不完善度为 0.250；距径比为 0.37 时，分选密度为 1.73g/cm^3，可能偏

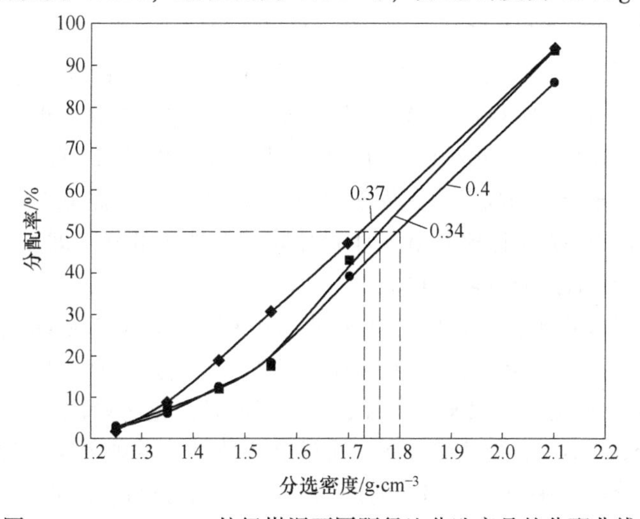

图 4.8 1.5~1.0mm 粒级煤泥不同距径比分选产品的分配曲线

差为0.220，不完善度为0.300；距径比为0.34时，分选密度为1.76g/cm³，可能偏差为0.180，不完善度为0.237。通过这些数据，发现距径比为0.34时，分选精度更高，分选效果更好。综合前面的分选产品数据分析，距径比为0.34时，对1.5~1.0mm粒级煤泥分选效果更好，也更适宜。

4.4.1.2 1.0~0.71mm粒级煤泥的分选

试验用1.0~0.71mm的煤泥作分选入料，在距径比分别为0.4、0.37和0.34的螺旋分选机进行分选试验，研究不同距径比对1.0~0.71mm煤泥的分选效果。试验结果和数据处理见表4.8。

表4.8 1.0~0.71mm煤泥分选效果 (%)

小槽编号及分选指标	0.4		0.37		0.34	
	产率	灰分	产率	灰分	产率	灰分
1	9.31	61.35	15.53	50.52	14.09	53.7
2	9.24	32.26	10.71	19.89	16.46	17.6
3	21.27	12.51	40.74	8.99	40.98	8.96
4	60.17	8.03	33.02	7.72	28.47	7.2
精煤（2+3+4）	90.68	11.55	84.47	9.87	85.91	10.03
尾煤（3+4）	9.31	61.35	15.53	50.52	14.09	53.7
回收率	62.99		49.34		51.1	
降灰比	71.343		60.987		61.983	
*K*值	1.27		1.38		1.39	

由表4.8可知，对于1.0~0.71mm煤泥，0.4距径比螺旋分选机的精煤产率和精煤回收率比0.37距径比和0.34距径比螺旋分选机的高，但0.34距径比螺旋分选机的降灰比较低，同时0.34距径比螺旋分选机的*K*值比0.37距径比和0.4距径比螺旋分选机的高。这说明分选1.0~0.71mm煤泥0.34距径比螺旋分选机的效果要比0.37距径比和0.4距径比螺旋分选机的好，即1.0~0.71mm粗粒级煤泥适于低螺距（0.34）分选。

由图4.9可以得到，距径比为0.4时，分选密度为1.98g/cm³，可能偏差为0.165，不完善度为0.170；距径比为0.37时，分选密度为1.85g/cm³，可能偏差为0.17，不完善度为0.200；距径比为0.34时，分选密度为1.89g/cm³，可能偏差为0.150，不完善度为0.168。通过这些数据，发现距径比为0.34时，分选精度更高，分选效果更好。综合前面的分选产品数据分析，距径比为0.34时，对1.0~0.71mm粒级煤泥分选效果更好，也更适宜。

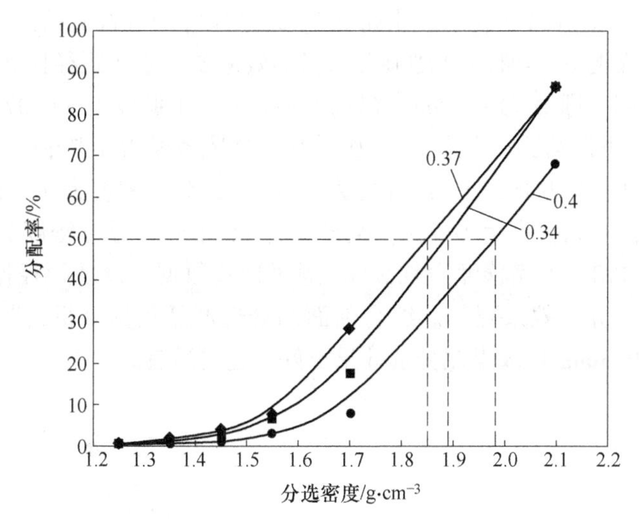

图 4.9 1.0~0.71mm 粒级煤泥不同距径比分选产品的分配曲线

4.4.1.3 0.71~0.5mm 粒级煤泥的分选

试验用 0.71~0.5mm 的煤泥为分选入料，在距径比分别为 0.4、0.37 和 0.34 的螺旋分选机进行分选试验，研究不同距径比对 0.71~0.5mm 煤泥的分选效果。试验结果和数据处理见表 4.9。

表 4.9 0.71~0.5mm 煤泥分选效果

小槽编号及分选指标	0.4		0.37		0.34	
	产率	灰分	产率	灰分	产率	灰分
1	13.98	52.29	11.47	67.9	10.84	70.46
2	6.52	28.55	10.98	19.77	12.24	17.08
3	17.19	12.5	37.62	10.76	32.85	11.15
4	62.3	10.74	39.92	10.03	44.07	10.49
精煤（3+4）	79.49	11.12	77.54	10.38	76.92	10.77
尾煤（1+2）	20.50	44.73	22.45	44.36	23.08	42.16
回收率	47.29		42.77		44.16	
降灰比	61.738		57.65		59.779	
K 值	1.29		1.35		1.29	

由表 4.9 可知，对于 0.71~0.5mm 煤泥，0.4 距径比螺旋分选机的精煤产率和精煤回收率比 0.37 距径比和 0.34 距径比螺旋分选机的高，但 0.37 距径比螺旋分选机的降灰比比 0.4 距径比和 0.34 距径比螺旋分选机的低，同时 0.37 距径

比螺旋分选机的 K 值比 0.4 距径比和 0.34 距径比螺旋分选机的高。这说明分选 0.71~0.5mm 煤泥 0.37 距径比螺旋分选机的效果要比 0.4 距径比和 0.34 距径比螺旋分选机的好，即 0.71~0.5mm 粗粒级煤泥适于中低螺距（0.37）分选。

由图 4.10 可以得到，距径比为 0.4 时，分选密度为 1.72g/cm^3，可能偏差为 0.185，不完善度为 0.325；距径比为 0.37 时，分选密度为 1.72g/cm^3，可能偏差为 0.165，不完善度为 0.289；距径比为 0.34 时，分选密度为 1.73g/cm^3，可能偏差为 0.170，不完善度为 0.293。通过这些数据，发现距径比为 0.37 时，分选精度更高，分选效果更好。综合前面的分选产品数据分析，距径比为 0.37 时，对 0.71~0.5mm 粒级煤泥分选效果更好，也更适宜。

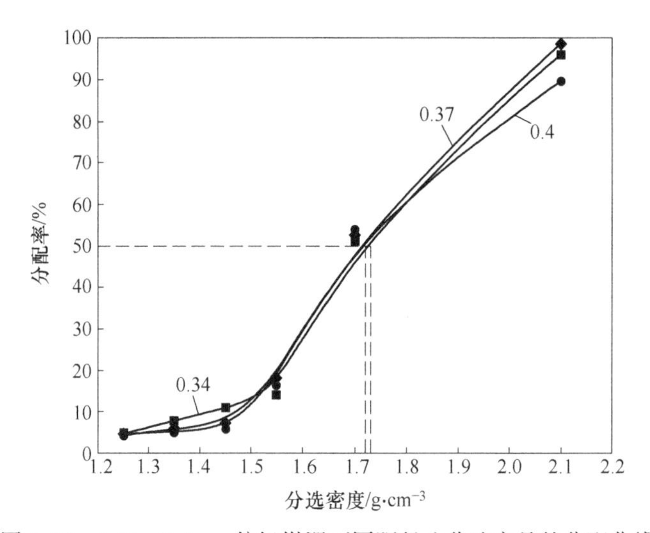

图 4.10 0.71~0.5mm 粒级煤泥不同距径比分选产品的分配曲线

4.4.1.4 0.5~0.25mm 粒级煤泥的分选

试验用 0.5~0.25mm 的煤泥为分选入料，在距径比分别为 0.4、0.37 和 0.34 的螺旋分选机进行分选试验，研究不同距径比对 0.5~0.25mm 煤泥的分选效果。试验结果和数据处理见表 4.10 。

由表 4.10 可知，对于 0.5~0.25mm 煤泥，0.4 距径比螺旋分选机的精煤产率和精煤回收率比 0.37 距径比和 0.34 距径比螺旋分选机的高，但 0.37 距径比螺旋分选机的降灰比比 0.4 距径比和 0.34 距径比螺旋分选机的低，同时 0.37 距径比螺旋分选机的 K 值比 0.4 距径比和 0.34 距径比螺旋分选机的高。这说明分选 0.5~0.25mm 煤泥 0.37 距径比螺旋分选机的效果要比 0.4 距径比和 0.34 距径比螺旋分选机的好，即 0.5~0.25mm 细粒级煤泥适于中低螺距（0.37）分选。

表 4.10 0.5~0.25mm 煤泥分选效果 (%)

小槽编号及分选指标	0.4		0.37		0.34	
	产率	灰分	产率	灰分	产率	灰分
1	14.59	71.57	17.09	67.03	20.7	55.78
2	10.8	29.31	12.33	21.51	22.12	16.65
3	18.52	12.55	26.01	10.61	42.52	11.68
4	56.09	9.44	44.57	9.78	14.66	7.03
精煤（2+3+4）	85.41	12.63	82.91	11.78	79.3	12.21
尾煤（1）	14.59	71.57	17.09	67.03	20.7	55.78
回收率	49.11		44.21		43.94	
降灰比	59.494		55.52		57.51	
K 值	1.44		1.49		1.38	

由图 4.11 可以得到，距径比为 0.4 时，分选密度为 1.93g/cm^3，可能偏差为 0.135，不完善度为 0.147；距径比为 0.37 时，分选密度为 1.90g/cm^3，可能偏差为 0.13，不完善度为 0.146；距径比为 0.34 时，分选密度为 1.91g/cm^3，可能偏差为 0.135，不完善度为 0.148。通过这些数据，发现距径比为 0.37 时，分选精度更高，分选效果更好。综合前面的分选产品数据分析，距径比为 0.37 时，对 0.5~0.25mm 粒级煤泥分选效果更好，也更适宜。

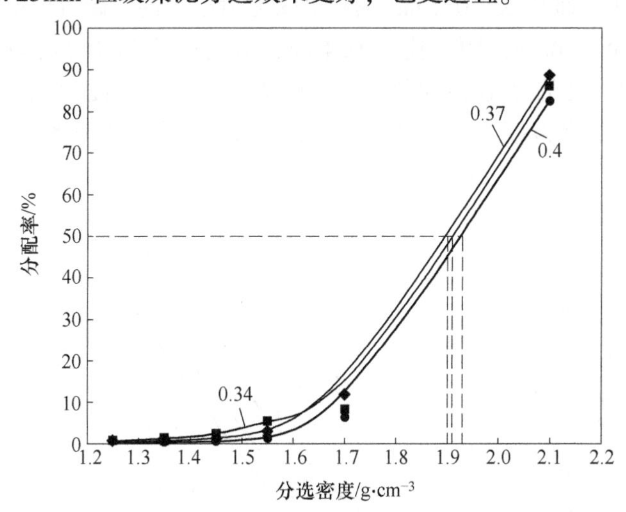

图 4.11 0.5~0.25mm 粒级煤泥不同距径比分选产品的分配曲线

4.4.1.5 0.25~0.1mm 粒级煤泥的分选

试验用 0.25~0.1mm 的煤泥为分选入料，在距径比分别为 0.4、0.37 和 0.34 的螺旋分选机进行分选试验，研究不同距径比对 0.25~0.1mm 煤泥的分选效果。试验结果和数据处理见表 4. 11。

表 4. 11　0. 25~0. 1mm 煤泥分选效果　（%）

小槽编号及分选指标	0. 4		0. 37		0. 34	
	产率	灰分	产率	灰分	产率	灰分
1	14. 81	71. 4	17. 01	71. 31	20. 19	64. 7
2	7. 13	39. 83	8. 99	25. 18	12. 21	21. 34
3	12. 36	15. 49	19. 94	13. 53	13. 38	12. 24
4	65. 69	12. 83	54. 06	12. 34	54. 22	11. 9
精煤（3+4）	78. 05	13. 25	74	12. 66	67. 6	11. 97
尾煤（1+2）	21. 94	61. 13	26	55. 36	32. 4	48. 36
回收率	42. 02		37. 9		32. 57	
降灰比	55. 778		53. 275		50. 369	
K 值	1. 4		1. 39		1. 34	

由表 4. 11 可知，对于 0. 25~0. 1mm 煤泥，0. 4 距径比螺旋分选机的精煤产率和精煤回收率比 0. 37 距径比和 0. 34 距径比螺旋分选机的高，同时 0. 4 距径比螺旋分选机的 *K* 值比 0. 37 距径比和 0. 34 距径比螺旋分选机的高。这说明分选 0. 25~0. 1mm 煤泥 0. 4 距径比螺旋分选机的效果要比 0. 37 距径比和 0. 34 距径比螺旋分选机的好，即 0. 25~0. 1mm 细粒级煤泥适于中高螺距（0. 4）分选。

由图 4. 12 可以得到，距径比为 0. 4 时，分选密度为 1. 89g/cm^3，可能偏差为 0. 150，不完善度为 0. 169；距径比为 0. 37 时，分选密度为 1. 85g/cm^3，可能偏差为 0. 155，不完善度为 0. 182；距径比为 0. 34 时，分选密度为 1. 79g/cm^3，

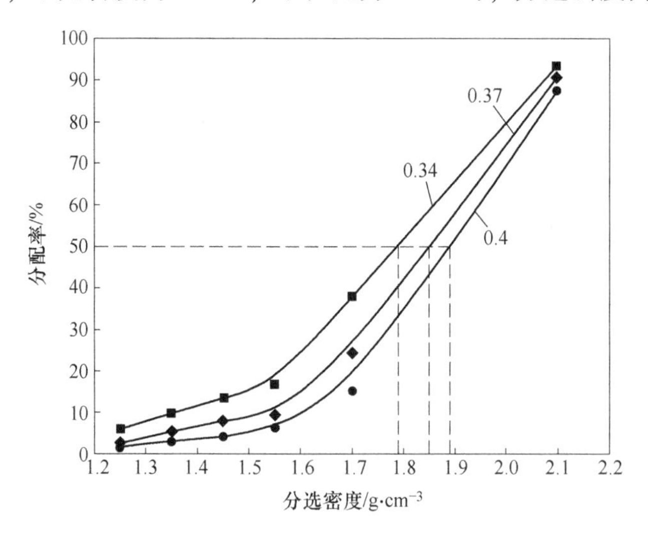

图 4. 12　0. 25~0. 1mm 粒级煤泥不同距径比分选产品的分配曲线

可能偏差为 0.180，不完善度为 0.227。通过这些数据，发现距径比为 0.4 时，分选精度更高，分选效果更好。综合前面的分选产品数据分析，距径比为 0.4 时，对 0.25~0.1mm 粒级煤泥分选效果更好，也更适宜。

4.4.1.6 0.1~0mm 粒级煤泥的分选

试验用 0.1~0mm 的煤泥为分选入料，在距径比分别为 0.4、0.37 和 0.34 的螺旋分选机进行分选试验，分析不同距径比对 0.1~0mm 煤泥的分选效果。试验结果和数据处理见表 4.12。

由表 4.12 可知，对于 0.1~0mm 煤泥，0.34 距径比螺旋分选机的精煤产率和精煤回收率比 0.37 距径比和 0.4 距径比螺旋分选机的略高，但 0.4 距径比螺旋分选机的降灰比比 0.37 距径比和 0.34 距径比螺旋分选机的略低，同时 0.4 距径比螺旋分选机的 K 值比 0.37 距径比和 0.34 距径比螺旋分选机的略高。这说明根据分选试验数据，只能发现这三个距径比的螺旋分选机对 0.1~0mm 粒级煤泥的分选效果相差不大。

表 4.12 0.1~0mm 煤泥分选效果 (%)

小槽编号及分选指标	0.4		0.37		0.34	
	产率	灰分	产率	灰分	产率	灰分
1	24.75	68.97	25.19	68.26	23.25	67.94
2	14.7	64.45	12.01	60.39	10.72	59.33
3	11.21	46.39	14.56	38.68	11.77	46.19
4	49.34	38.72	48.24	43.05	54.26	42.86
精煤（3+4）	60.55	40.14	62.8	42.04	66.03	43.45
尾煤（1+2）	39.45	67.29	37.2	65.72	33.97	65.22
回收率	47.54		51.7		56.23	
降灰比	78.935		82.674		85.457	
K 值	0.77		0.76		0.77	

4.4.1.7 窄粒级煤泥颗粒运动行为分析

由 4.4.1.1 节~4.4.1.6 节对试验数据和分配曲线的分析，基本可以得出 1.5~1.0mm 和 1.0~0.71mm 粒级煤泥适合距径比为 0.34 的螺旋分选机分选，0.71~0.5mm 和 0.5~0.25mm 粒级煤泥适合距径比为 0.37 的螺旋分选机分选，0.25~0.1mm 粒级煤泥适合距径比为 0.4 的螺旋分选机分选，而 0.1~0mm 粒级煤泥三个距径比螺旋分选机分选相差不大。为了进一步分析各窄粒级煤泥的分选规律，本节分析了不同密度颗粒的分选行为。

A　各窄粒级煤泥不同密度级分选产品产率

由图 4.13 可以得出，1.5 ~ 1.0mm、1.0 ~ 0.71mm、0.71 ~ 0.5mm、0.5 ~ 0.25mm 和 0.25~0.1mm 粒级煤泥主导密度级为 1.4~1.6 g/cm^{3}颗粒，产率在 64%以上，其次是+1.8g/cm^{3}颗粒，产率占 20%左右，在其他两个密度级有较少分布；0.1~0mm 粒级煤泥主导密度级为+1.8g/cm^{3}颗粒，产率在 53%以上，其次是 1.4~1.6g/cm^{3}颗粒，产率占 30%左右，在其他两个密度级有较少分布。同时由图 4.13 也可看出，不同距径比对同一密度级颗粒的影响相差不大。

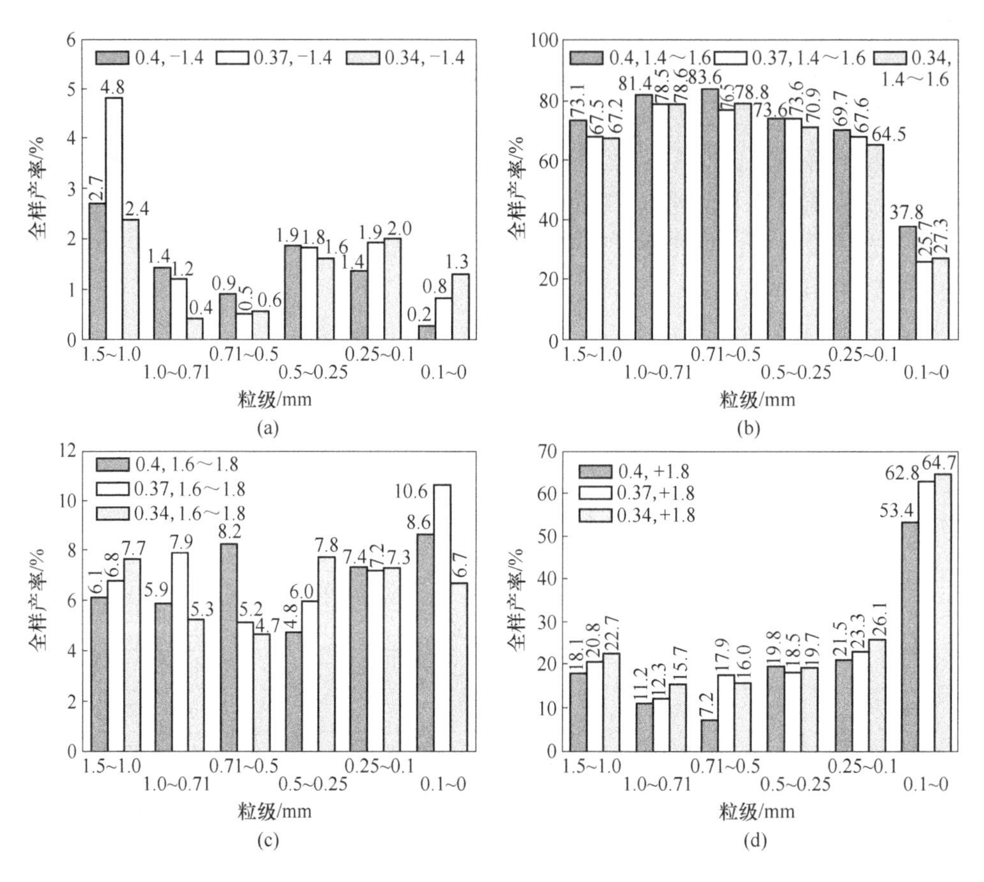

图 4.13　各窄粒级煤泥不同密度级分选产品产率

（a）−1.4g/cm^3；（b）1.4~1.6g/cm^3；（c）1.4~1.8g/cm^3；（d）+1.8g/cm^3

B　0.1~0mm 粒级煤泥分选下限

由图 4.14 可以了解到，随着螺旋分选机的距径比从 0.4 降到 0.37 和 0.34，精煤中的中高密度颗粒含量和高密度颗粒含量产率有所降低，灰分有所升高，其中大于 1.8g/cm^{3}密度颗粒灰分在 60%左右，大于 1.6g/cm^{3}密度颗粒灰分也在 50%左右，说明随着距径比的降低，精煤中的高密度颗粒含量有所降低，即降低距径比对分选 0.1mm 以下煤泥有一定的效果。由于 0.1~0.05mm 粒级煤泥筛分难度大，本节没有对 0.1mm 以下煤泥进行进一步的分级分选，但通过前面的表述，我们发现降低距径比对降低螺旋分选机的分选下限是有效果的。

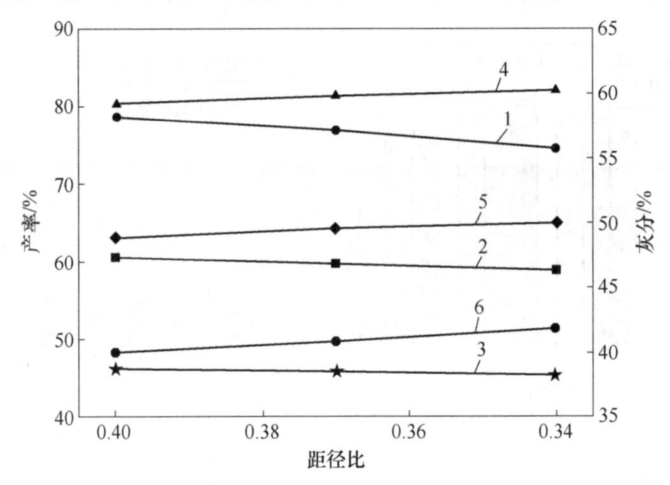

图 4.14 0.1~0mm 粒级煤泥精煤产品高密度颗粒产率和灰分合计

1—大于 1.5g/cm³ 产率；2—大于 1.6g/cm³ 产率；3—大于 1.8g/cm³ 产率；4—大于 1.5g/cm³ 灰分；5—大于 1.6g/cm³ 灰分；6—大于 1.8g/cm³ 灰分

4.4.2 宽粒级煤泥螺旋分选特性及颗粒运动规律

试验用 0.5~0.1mm、0.71~0.1mm、1.0~0.1mm 和 1.5~0.1mm 的煤泥为分选入料，在距径比分别为 0.4、0.37 和 0.34 的螺旋分选机进行分选试验，研究以 0.1mm 为分选粒度下限，0.5mm、0.71mm、1.0mm 和 1.5mm 为上限时，宽粒级煤泥的分选效果，分析螺旋分选机煤泥分选的粒度上限。

4.4.2.1 各宽粒级煤泥分选产品产率和灰分

由图 4.15 可知，在 3 种距径比螺旋分选机中，各宽粒级煤泥的精煤产率都比较大，在 68%以上，其中 1.0~0.1mm 粒级煤泥的精煤产率最高，其次是 0.71~0.1mm 粒级煤泥，并且随着距径比的降低，各宽粒级煤泥的精煤产率有所降低；各宽粒级煤泥的精煤灰分都较低，在 10%~11%之间，且随着距径比的降低，精煤灰分略微降低，其中 1.5~0.1mm 粒级煤泥的精煤灰分最低，在 10%及以下。各宽粒级煤泥的尾煤产率在 20%~32%之间，并随着距径比的降低，各宽粒级煤泥的尾煤产率有所升高；各宽粒级煤泥的尾煤灰分都较高，在 49%~64%之间，且随着距径比的降低，尾煤灰分有所降低。从各宽粒级煤泥的精尾煤产率和灰分来看，各粒级煤泥的分选效果都不错，1.5mm 作为螺旋分选机煤泥分选的粒度上限是可行的。

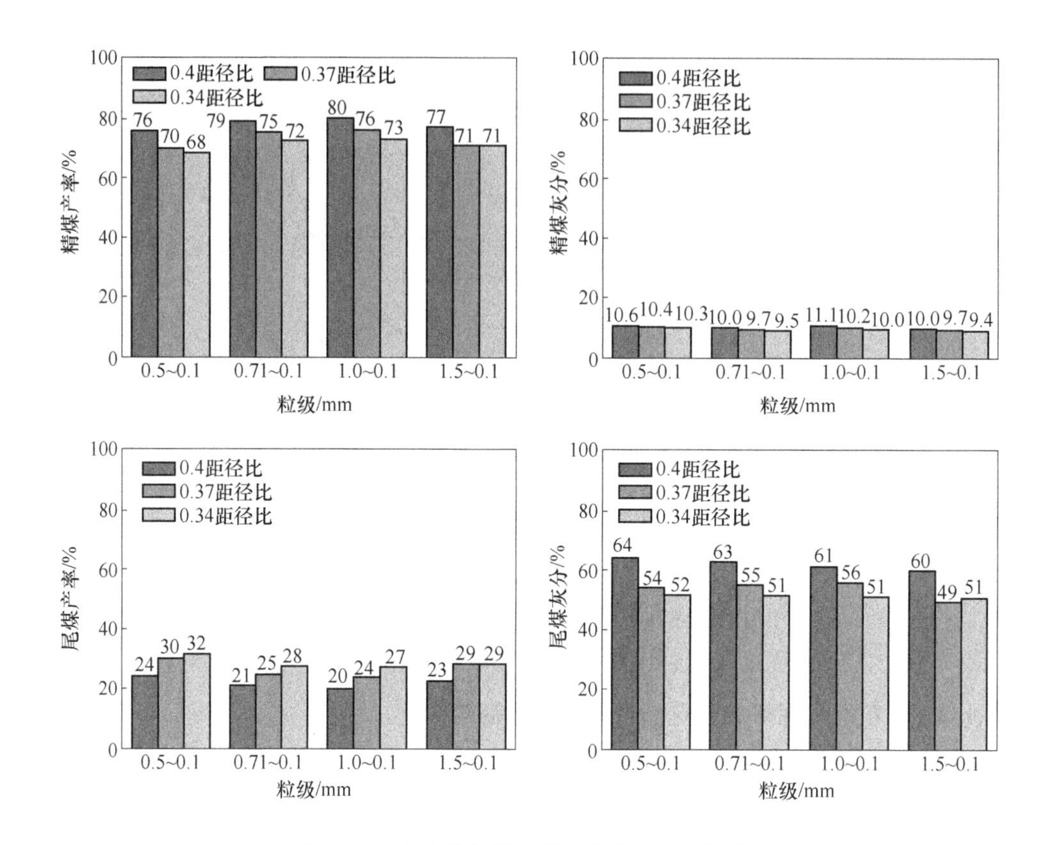

图 4.15 各宽粒级煤泥分选产品产率和灰分

4.4.2.2 各宽粒级煤泥分选产品降灰比和 *K* 值

各宽粒级煤泥在三个距径比螺旋分选机中降灰比和 *K* 值的分布规律如图 4.16 所示。由图 4.16 可以得出，在距径比为 0.4 时，0.5~0.1mm 粒级煤泥的降灰比最小 *K* 值最大，1.0~0.1mm 粒级煤泥的降灰比最大 *K* 值最小；在距径比为 0.37 时，0.5~0.1mm 粒级煤泥的降灰比最小，1.0~0.1mm 粒级煤泥的降灰比最大，各粒级煤泥的 *K* 值相差不大；在距径比为 0.34 时，1.5~0.1mm 粒级煤泥的降灰比最小 *K* 值最大，1.0~0.1mm 粒级煤泥的降灰比最大 *K* 值较小。总的来说，各宽粒级煤泥的降灰比和 *K* 值相差不大，分选效果都不错，1.5mm 作为螺旋分选机煤泥分选的粒度上限是可行的。

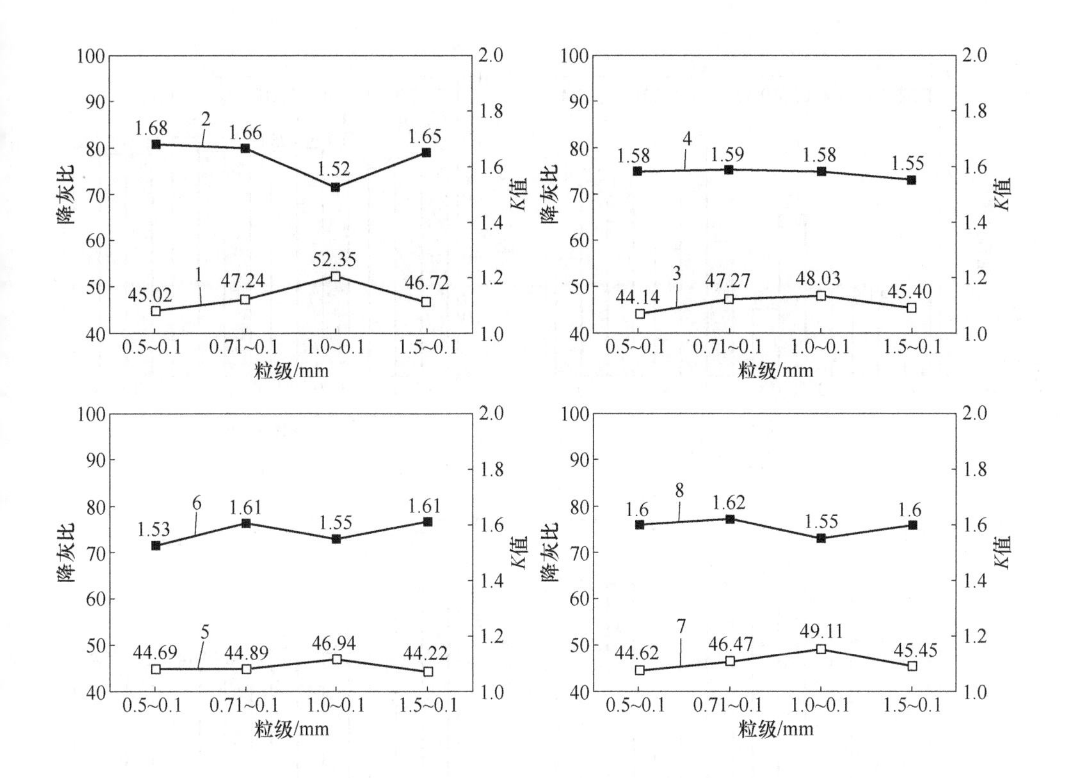

图 4.16 各宽粒级煤泥分选产品降灰比和 K 值

1—降灰比，0.4 距径比；2—K 值，0.4 距径比；3—降灰比，0.37 距径比；4—K 值，0.37 距径比；5—降灰比，0.34 距径比；6—K 值，0.34 距径比；7—降灰比，均值；8—K 值，均值

4.4.2.3 各宽粒级煤泥不同密度级分选产品产率

由图 4.17 可以得出，0.5～0.1mm、0.71～0.1mm、1.0～0.1mm 和 1.5～0.1mm 粒级煤泥主导密度级为 1.4～1.6g/cm^3 颗粒，产率在 69%以上，其次是+1.8g/cm^3 颗粒，产率占 13%～23%，在其他两个密度级有较少分布，其中0.5～0.1mm 粒级煤泥的 1.4～1.6g/cm^3 中低密度颗粒比其他三个粒级少 5%左右，同时+1.8g/cm^{3}高密度颗粒比其他三个粒级高 7%左右。对于-1.4g/cm^{3}低密度颗粒，1.0～0.1mm 和 1.5～0.1mm 粒级煤泥比其他两个粒级有较多分布，对于 1.6～1.8 g/cm^{3}中高密度颗粒，1.0～0.1mm 粒级煤泥分布略低。同时由图 4.17 也可看出，不同距径比对同一密度级颗粒的影响相差不大。

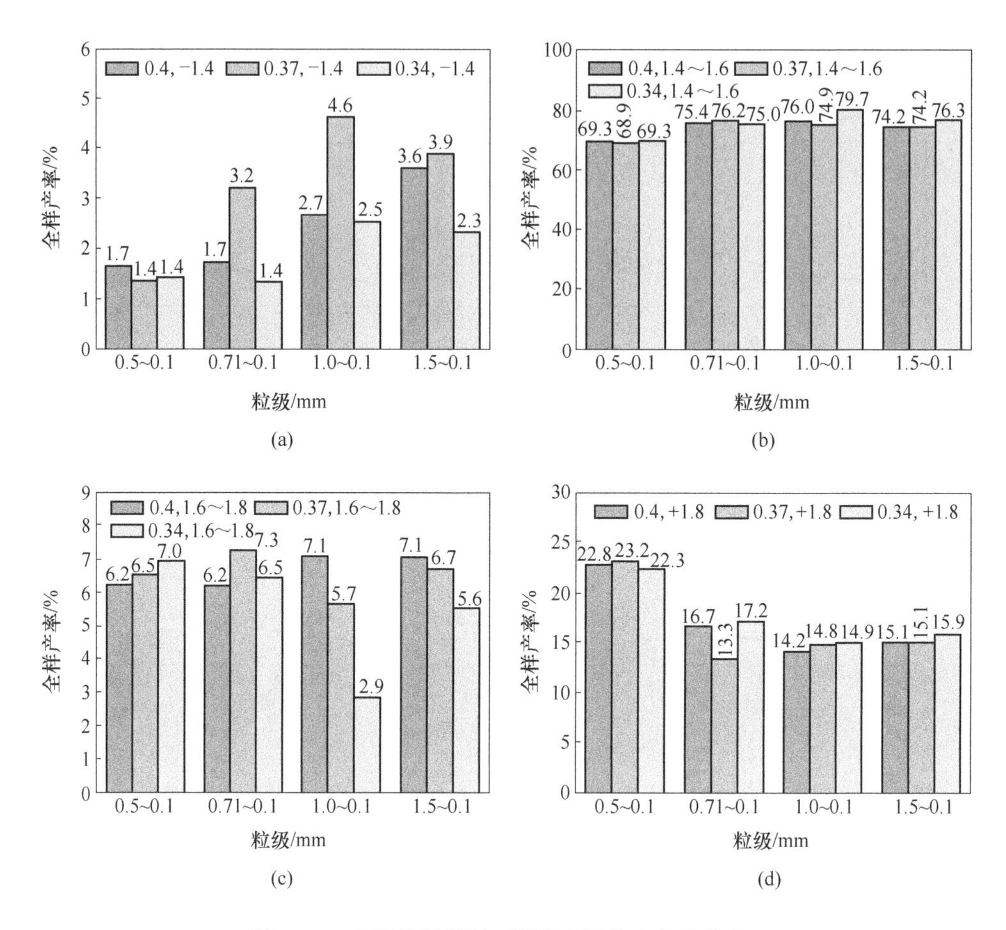

图 4.17　各窄粒级煤泥不同密度级分选产品产率

（a）$-1.4\mathrm{g/cm^3}$；（b）$1.4\sim1.6\mathrm{g/cm^3}$；（c）$1.4\sim1.8\mathrm{g/cm^3}$；（d）$+1.8\mathrm{g/cm^3}$

4.5　不同结构参数螺旋分选机分选特性

4.5.1　横截面形状对分选效果的影响

实验用粗煤泥（1~0.25mm）在入料流量为 $2.0\mathrm{m^3/h}$，入料浓度 25%条件下，对 0.4 距径比、17°横向倾角的椭圆型、立方抛物线型以及复合型槽面螺旋分选机进行分选试验，探究横截面形状对分选效果的影响。不同横截面形状下产品的分选指标见表 4.13，槽面形状对各取样槽 DGR 和 K 值的影响如图 4.18 所示。

表 4.13 槽面形状对分选产品的影响 (%)

编号	椭圆型槽面		立方抛物线型槽面		复合型槽面	
	产率	灰分	产率	灰分	产率	灰分
1	28.51	79.16	32.73	78.72	35.36	78.10
2	14.28	66.58	15.56	50.97	15.63	42.26
3	21.04	18.23	28.15	12.97	29.98	11.50
4	36.17	9.95	23.56	9.17	19.04	9.69

由表 4.13 可知，三种横截面形状的螺旋分选机，灰分沿径向由内至外有明显的差异；1 号槽的灰分均高于 78%，排矸效果显著，且复合型槽面 1 号槽产率最高，立方抛物线次之，说明复合型和立方抛物线型槽面螺旋分选机排矸效果优于椭圆型槽面螺旋分选机；4 号槽灰分差异不大，但椭圆型槽面 4 号槽产率达 36.17%，立方抛物线和复合型槽面 4 号槽产率分别为 23.56%、19.04%，说明椭圆型槽面螺旋分选机更易于将低灰精煤聚集在最外缘。

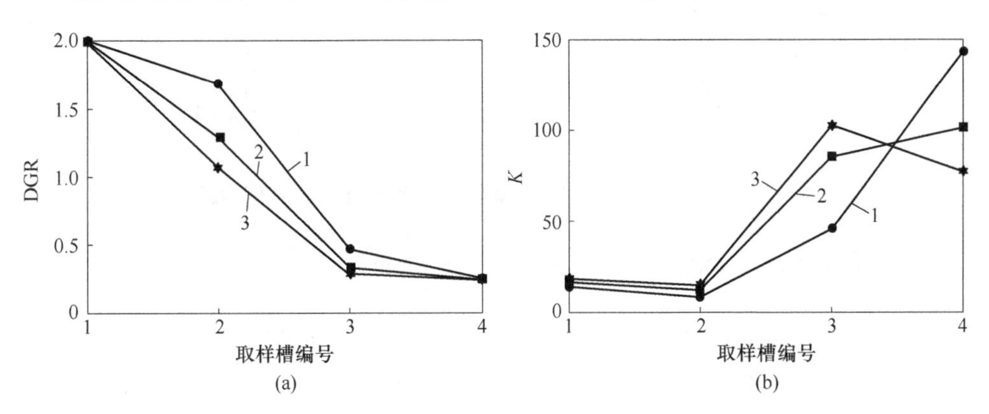

图 4.18 槽面形状对各取样槽 DGR 和 K 值的影响

(a) DGR；(b) K 值

1—$P/D=0.40$，$\lambda=17°$，椭圆型；2—$P/D=0.40$，$\lambda=17°$，抛物线；3—$P/D=0.40$，$\lambda=17°$，复合型

图 4.18 进一步反映了槽面形状对各取样槽 DGR 和 K 值的影响。由图 4.18（a）可知，三种槽面形状螺旋分选机，降灰比沿径向由内至外显著减小，在 3、4 号槽，降灰比减小的趋势变缓；横截面形状对 1、4 槽降灰比影响不大，复合型槽面在 2、3 号槽具有更低的降灰比，椭圆型槽面在 2、3 号槽降灰比最大；由图 4.18（b）可知，对于 1、2、3 号槽而言，复合型槽面 K 值最大，其次为立方抛物线，椭圆型槽面 K 值最小；在 4 号槽，K 值发生显著改变，椭圆型槽面在 4 号槽的 K 值迅速增加，立方抛物线型槽面在 4 号槽的 K 值也增加，但复合型槽面的 K 值在 4 号槽减小，这是因为 4 号槽在三种横截面形状下灰分相近，但椭圆型产

率显著高于立方抛物线和复合型槽面，导致 K 值增大。综上，椭圆型槽面可以将更多的低灰煤聚集在外缘 4 号槽，立方抛物线和复合型槽面更易于将矸石聚集在内缘 1 号槽。

为了进一步分析在不同分割点处，横截面形状对 DGR 和 K 值的影响，设计了三种不同的精煤产品分割方案，图 4.19 表示不同产品分割方案下，横截面形状对精煤 DGR 和 K 值的影响。其中，方案 1 是指以 1、2、3 号槽为尾煤，4 号槽为精煤；方案 2 是指以 1、2 号槽为尾煤，3、4 号槽为精煤；方案 3 是指以 1 号槽为尾煤，2、3、4 号槽为精煤。

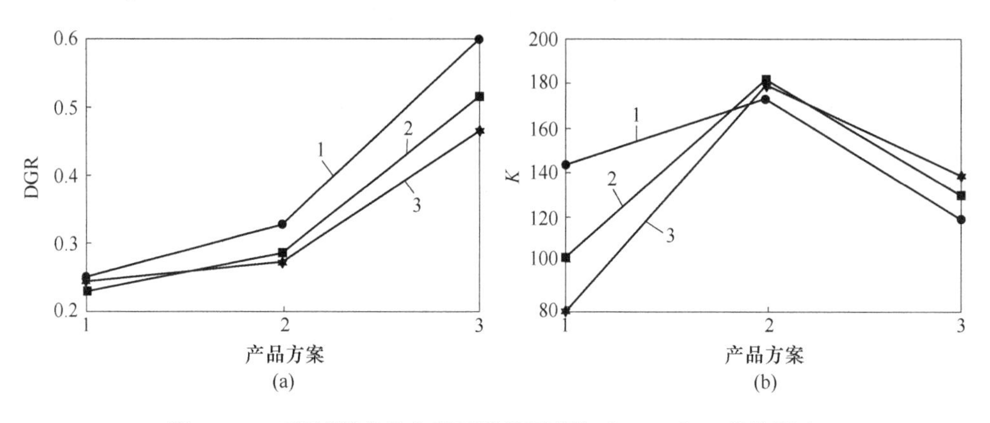

图 4.19　三种精煤产品方案下横截面形状对 DGR 和 K 值的影响

（a）DGR；（b）K 值

1—$P/D=0.40$，$\lambda=17°$，椭圆型；2—$P/D=0.40$，$\lambda=17°$，抛物线；3—$P/D=0.40$，$\lambda=17°$，复合型

由图 4.19 可知，方案 1 具有更低的 DGR 值，但 K 值相对也较低，说明将 4 号槽作为精煤，灰分最低，但产率也较少，精煤损失严重。综合来看，采用方案 2，在 2、3 号槽之间进行分割，1、2 号槽为尾煤，3、4 号槽作为精煤，可以在较低的 DGR 值下，得到更高的 K 值。相对来说，立方抛物线型和复合型槽面在方案 2 中分选效果相当，但复合型 DGR 值相对更低，说明针对实验室粗煤泥，以 3、4 号槽产品作为精煤，在降灰比较低的同时 K 值较高，可以在保证精煤灰分的前提下提高产率，相对来说，复合型槽面和立方抛物线槽面螺旋分选机分选效果相当，但椭圆槽面分选效果相对较差。

图 4.20 进一步揭示了不同密度颗粒在三种槽面形状螺旋分选机截料端沿径向的分布规律。由图 4.20 可知，94%及以上的低密度颗粒（$-1.4g/cm^3$）分布在螺旋分选机外缘（3、4 号槽），椭圆型、立方抛物线型和复合型槽面螺旋分选机 4 号槽低密度颗粒的分布率分别为 74%、51%、41%，说明实验用的三种槽面螺旋分选机均可将低密度颗粒聚集在外缘，相对来说，椭圆型槽面更易于将$-1.4g/cm^3$的低密度颗粒聚集在外缘 4 号槽，立方抛物线次之；高密度颗粒（$+1.8g/cm^3$），

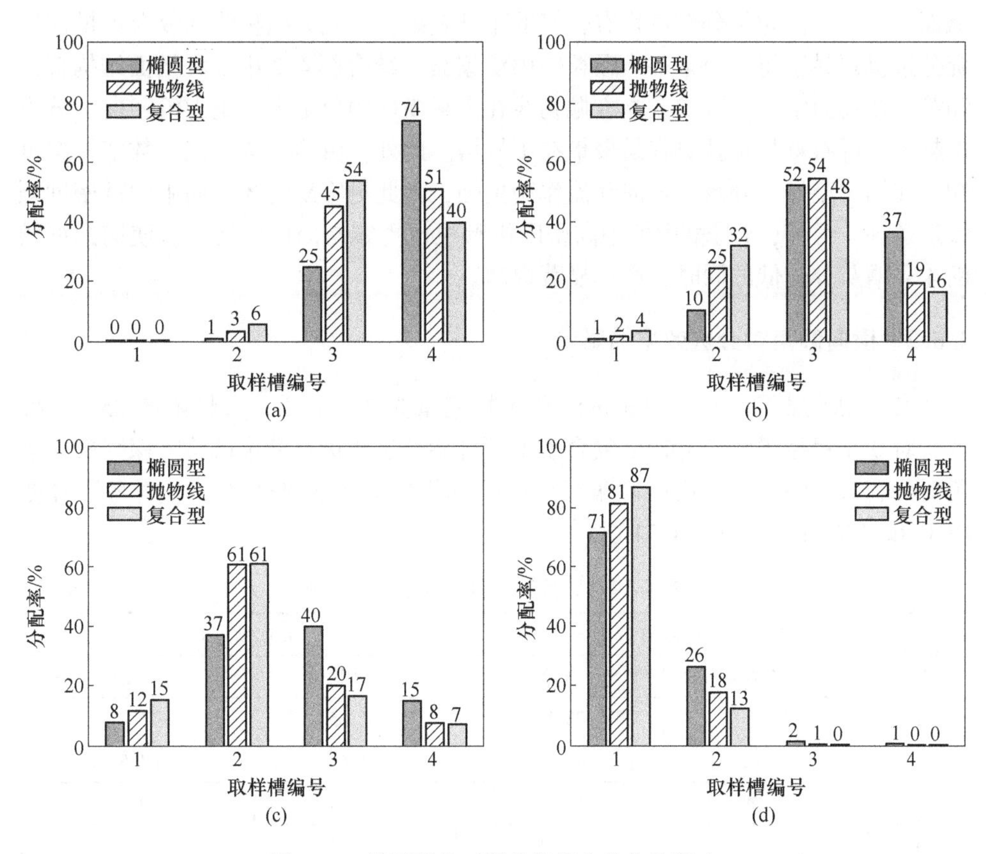

图 4.20 槽面形状对颗粒沿径向分布的影响

(a) $-1.4g/cm^3$；(b) $1.4\sim1.6g/cm^3$；(c) $1.6\sim1.8g/cm^3$；(d) $+1.8g/cm^3$

主要分布在螺旋槽内缘（1 号槽），其中，矸石在椭圆型、立方抛物线型和复合型槽面螺旋分选机 1、2 号槽的分布率分别为 97%、99%、100%，在 1 号槽的矸石分布率分别为 71%、81%、87%，说明针对实验用粗煤泥，三种槽面螺旋分选机总体排矸效果均较好，相对来说，复合型槽面更易于将$+1.8g/cm^3$ 的矸石颗粒聚集在内缘 1 号槽，立方抛物线次之；中低密度颗粒（$1.4\sim1.6g/cm^3$）主要分布在 3 号槽，在 2、4 号槽也有较多分布；中高密度颗粒（$1.6\sim1.8g/cm^3$），主要分布在 2 号槽，在 1、3、4 号槽均有一定分布。相对来说，中间密度颗粒（$1.4\sim1.8g/cm^3$）在立方抛物线和复合型槽面螺旋分选机中向内缘移动的趋势更明显。

总体来说，在试验条件下，椭圆型、立方抛物线型和复合型槽面螺旋分选机降灰效果明显，降灰比沿径向由内至外逐渐降低；椭圆型槽面更易于将低密度颗粒向外缘聚集，使 4 号槽在灰分较低的同时，产率显著高于立方抛物线和复合型槽面；三种槽面螺旋分选机均有较好的排矸效果，且立方抛物线和复合型槽面螺旋分选机更易于将+1.8g/cm^3 颗粒向内缘聚集。结合图 4.2 中 3 种槽面结构特性和第 4 章动力学分析可知，立方抛物线在内缘横向倾角更大，重力沿径向的分力也越大，矸石颗粒也就更容易聚集在 1 号槽。此外，由第 3 章的流场数值模拟可知，在椭圆型槽面外缘，径向环流作用更强，因此更容易将 3 号槽中的低密度颗粒运送到 4 号槽，4 号槽中的中高密度级颗粒也更容易向内缘运动，使椭圆型槽面 4 号槽灰分较低的同时，产率显著提高。

4.5.2 横向倾角对分选效果的影响

实验用粗煤泥（1～0.25mm）在入料流量为 2.0m^3/h，入料浓度 25%条件下，对 0.4 距径比、17°和 15°复合型槽面螺旋分选机进行分选试验，探究横向倾角对分选效果的影响。横向倾角对产品分选指标的影响见表 4.14，对各取样槽 DGR 和 K 值的影响如图 4.21 所示。

表 4.14 横向倾角对分选产品的影响 (%)

编号	横向倾角 17°		横向倾角 15°	
	产率	灰分	产率	灰分
1	35.36	78.10	32.35	77.77
2	15.63	42.26	11.68	62.55
3	29.98	11.50	16.59	19.57
4	19.04	9.69	39.37	9.63

由表 4.14 可知，两种横向倾角的螺旋分选机中，灰分沿径向由内至外有明显的差异；横向倾角由 17°降至 15°，1、4 号槽灰分变化不大，2、3 号槽灰分分别增加了 20.29%、8.07%，且 1、2、3 号槽产率分别降低 3.01%、3.95%、13.39%，4 号槽产率增加 20.33%。说明降低横向倾角，有利于更多的低灰精煤进入外缘 4 号槽。

图 4.21 进一步反映了横向倾角对各取样槽 DGR 和 K 值的影响。由图 4.21（a）可知，两种横向倾角螺旋分选机，降灰比沿径向由内至外显著减小，在 3、4 号槽，降灰比减小的趋势变缓；横向倾角由 17°降至 15°，1、4 号槽 DGR 值几乎不变，在 2、3 号槽，17°横向倾角降灰效果更好；由图 4.21（b）可知，对于 1、2、3 号槽而言，17°横向倾角 K 值较大；在 4 号槽，K 值发生显著改变，15°横向倾角槽面在 4 号槽的 K 值迅速增加，这是因为在两种横向倾角螺旋分选机中 4 号槽灰分相近，但 15°横向倾角产率较高，导致其 K 值显著增大。综上，15°横向倾角可以将更多的低灰煤聚集在 4 号槽，17°横向倾角更易于将矸石聚集在 1 号槽。

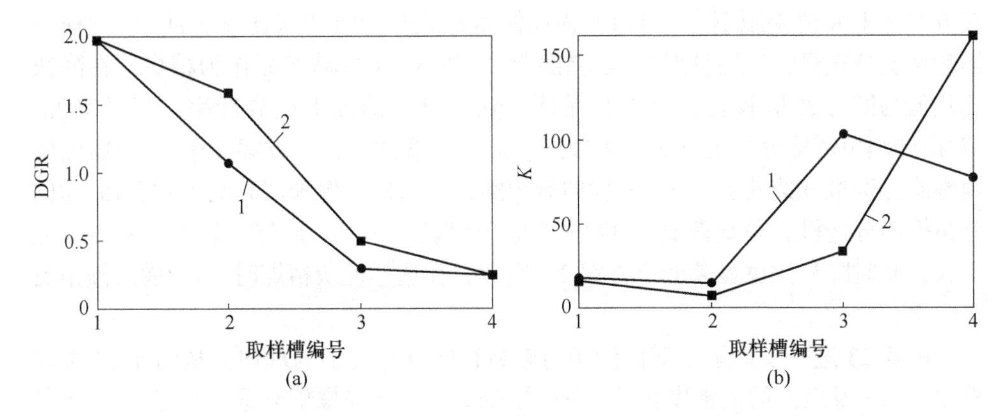

图 4.21 横向倾角对各取样槽 DGR 和 K 值的影响

(a) DGR；(b) K 值

1—$P/D=0.40$，$\lambda=17°$，复合型；2—$P/D=0.40$，$\lambda=15°$，复合型

为了进一步分析在不同分割点处，横向倾角对 DGR 和 K 值的影响，设计了 3 种不同的精煤产品分割方案，表示不同产品分割方案下，横截面形状对精煤 DGR 和 K 值的影响。其中，方案 1 是指以 1、2、3 号槽为尾煤，4 号槽为精煤；方案 2 是指以 1、2 号槽为尾煤，3、4 号槽为精煤；方案 3 是指以 1 号槽为尾煤，2、3、4 号槽为精煤。

图 4.22 表明，方案 1 具有更低的 DGR 值，但 K 值相对也较低，说明将 4 号槽作为精煤，灰分最低，但产率也较少，精煤损失严重。综合来看，采用方案 2，在 2、3 号槽之间进行分割，1、2 号槽为尾煤，3、4 号槽作为精煤，可以在较低的 DGR 值下，得到更高的 K 值。相对来说，17°和 15°横向倾角螺旋分选机

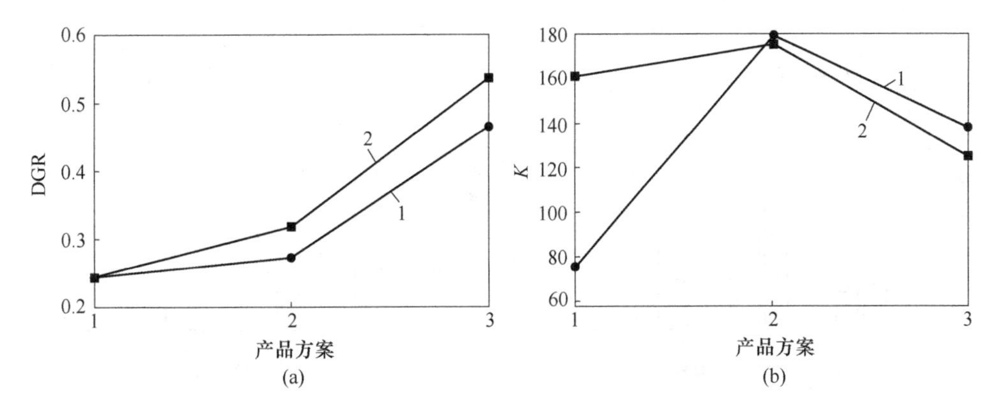

图 4.22 横向倾角对三种精煤产品方案中 DGR 和 K 值的影响

(a) DGR；(b) K 值

1—$P/D=0.40$，$\lambda=17°$，复合型；2—$P/D=0.40$，$\lambda=15°$，复合型

在方案 2 中 K 值差距不大，但 17°横向倾角螺旋分选机降灰比显著低于 15°横向倾角螺旋分选机，说明针对实验室粗煤泥，以 3、4 号槽产品作为精煤，在降灰比较低的同时 K 值较高，可以在保证精煤灰分的前提下提高产率，相对来说，17°横向倾角螺旋分选机分选效果较好。需要注意的是，在方案 2 中，17°横向倾角螺旋分选机分选效果优于 15°横向倾角螺旋分选机，但采用方案 1 时，15°横向倾角螺旋分选机 K 值显著高于 17°横向倾角螺旋分选机，且与方案 2 中 K 值差距不大，此时降灰比也显著低于方案 2，因此，在选择低灰精煤时，15°横向倾角更有优势。

图 4.23 进一步揭示了横向倾角对颗粒径向分布的影响规律。从图 4.23 可以看出，94%及以上的低密度颗粒（-1.4g/cm^3）分布在螺旋分选机外缘（3、4 号槽），17°横向倾角和 15°横向倾角螺旋分选机在 4 号槽低密度颗粒的分布率分别为 40%、80%，说明针对实验用粗煤泥，15°横向倾角螺旋分选机更易将-1.4g/cm^3 的低密度颗粒聚集在外缘 4 号槽；横向倾角从 17°降至 15°，内缘 1、2 号槽矸石颗粒

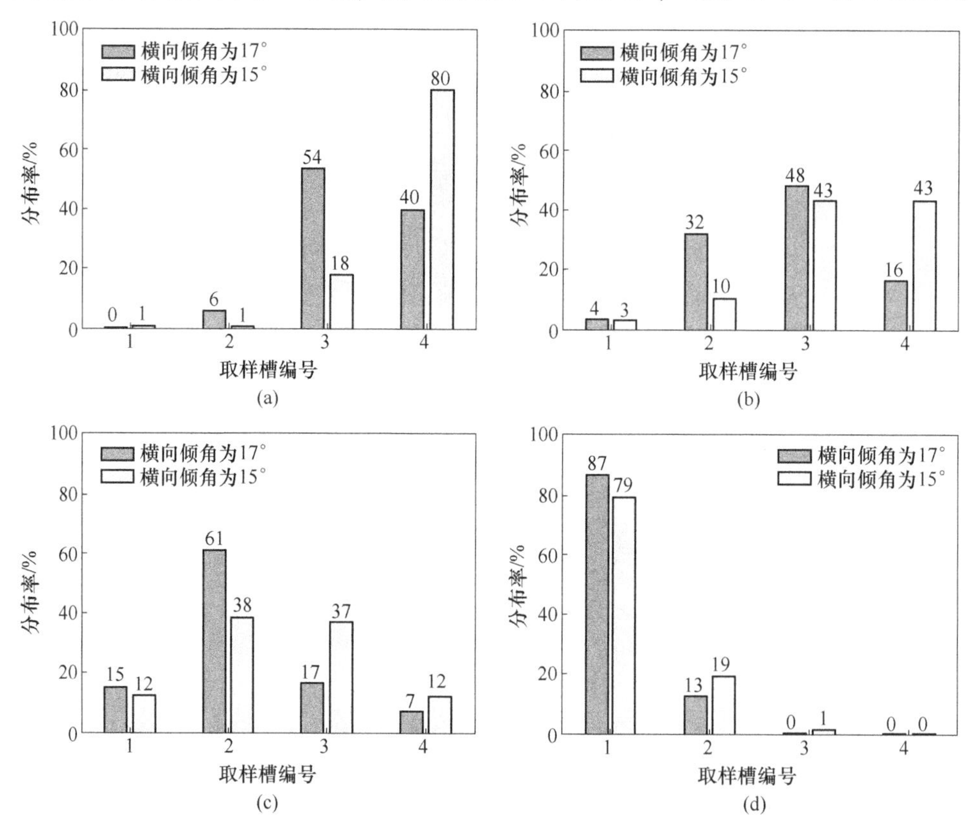

图 4.23　横向倾角对颗粒沿径向分布的影响

（a）-1.4g/cm^3；（b）$1.4\sim1.6\text{g/cm}^3$；（c）$1.6\sim1.8\text{g/cm}^3$；（d）$+1.8\text{g/cm}^3$

(+1.8g/cm^3) 分布率变化不大，均为98%及以上，但1号槽矸石分布率减小了8%，说明针对实验用粗煤泥，17°和15°横向倾角螺旋分选机总体排矸效果均较好，相对来说，17°横向倾角更易于将+1.8g/cm^3的矸石颗粒聚集在内缘1号槽；横向倾角从17°降至15°，4号槽中低密度颗粒（1.4~1.6g/cm^3）分布率显著增加，2号槽中高密度颗粒（1.6~1.8g/cm^3）分布率显著降低，说明降低横向倾角，中间密度颗粒向外缘运动的趋势增加。

总体而言，在试验条件下，17°和15°横向倾角螺旋分选机降灰效果明显，降灰比沿径向由内至外逐渐降低；15°横向倾角螺旋分选机更易于将低密度颗粒向外缘聚集，使4号槽在灰分较低的同时，产率显著高于立方抛物线和复合型槽面；两种横向倾角螺旋分选机的排矸效果均较好，且17°横向倾角螺旋分选机更易于将+1.8g/cm^3颗粒向内缘聚集。结合图4.2中17°和15°横向倾角结构特性和第4章动力学分析可知，横向倾角较大，重力沿径向的分力也越大，矸石颗粒也就更容易聚集在1号槽。此外，由第3章的流场数值模拟可知，15°横向倾角具有更大的纵向速度，离心力也越大，更容易将3号槽中的低密度颗粒运送到4号槽，使4号槽产率显著提高。

4.5.3 距径比对分选效果的影响

实验用粗煤泥（1~0.25mm）在入料流量为2.0m^3/h，入料浓度25%条件下，对距径比分别为0.4、0.37、0.34的15°复合型槽面螺旋分选机进行分选试验，探究距径比对分选效果的影响。距径比对各产品分选指标的影响见表4.15，对各取样槽DGR和K值的影响如图4.24所示。

由表4.15可知，3种距径比螺旋分选机中，灰分沿径向由内至外有明显的差异；距径比由0.4降至0.34，1号槽灰分变化不大，4号槽灰分降低了0.76%，2、3号槽灰分分别降低了24.12%、7.29%，且1、2、3号槽产率分别增加了6.68%、0.7%、5.3%，4号槽产率减小了12.67%。说明降低距径比，有利于更多的高灰矸石进入内缘1号槽，对4号槽的低灰煤也有一定的精选作用。

表4.15 距径比对分选产品的影响 (%)

编号	距径比为0.40		距径比为0.37		距径比为0.34	
	产率	灰分	产率	灰分	产率	灰分
1	32.35	77.77	37.54	77.18	39.03	76.08
2	11.68	62.55	11.54	42.90	12.38	38.43
3	16.59	19.57	21.50	13.60	21.89	12.28
4	39.37	9.63	29.42	9.03	26.70	8.87

图 4.24 进一步反映了距径比对各取样槽 DGR 和 K 值的影响。由图 4.24（a）可知，3 种距径比螺旋分选机，降灰比沿径向由内至外显著减小，在 3、4 号槽，降灰比减小的趋势变缓；距径比由 0.4 降至 0.34，1、4 号槽 DGR 值几乎不变，在 2、3 号槽，距径比越小，降灰效果越好；距径比对 1 号槽、4 号槽的降灰效果无明显影响；距径比降低可以提升 2、3 号槽的降灰效果；此外，4 号槽的 K 值随距径比的增加有显著增加，说明较高距径比有利于促使低灰分颗粒向外缘运动。由图 4.24 还可以发现，距径比低于 0.37 后，继续降低距径比，对降灰率以及 K 值的影响不大。由图 4.24（b）可知，对于 1、2、3 号槽而言，0.34 距径比 K 值较大；在 4 号槽，K 值发生显著改变，0.4 距径比螺旋分选机在 4 号槽的 K 值迅速增加，这是因为在 3 种距径比螺旋分选机中 4 号槽灰分相近，但距径比 0.4 时产率较高，导致 K 值增大。综上，增大距径比可以将更多的低灰煤聚集在外缘 4 号槽，降低距径比更易于将矸石聚集在内缘 1 号槽。

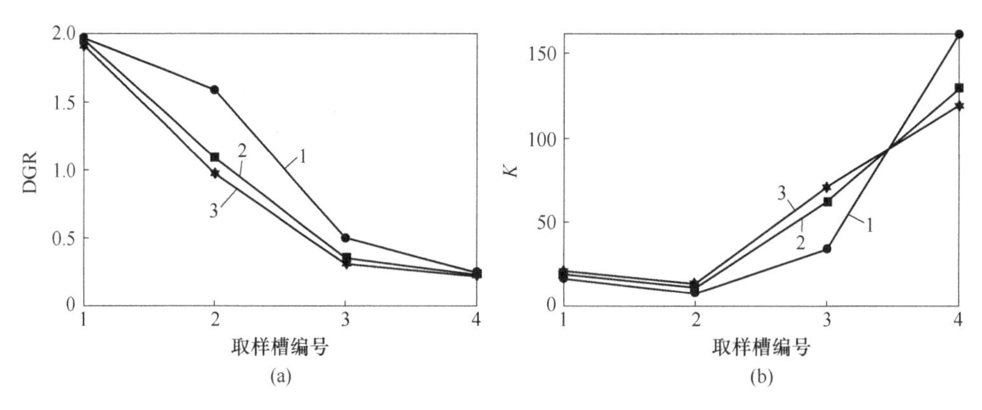

图 4.24　距径比对各取样槽 DGR 和 K 值的影响

（a）DGR；（b）K 值

1—P/D = 0.40，λ = 15°，复合型；2—P/D = 0.37，λ = 15°，复合型；

3—P/D = 0.34，λ = 15°，复合型

为了进一步分析在不同分割点处，横向倾角对 DGR 和 K 值的影响，设计了 3 种不同的精煤产品分割方案，表示不同产品分割方案下，距径比对精煤 DGR 和 K 值的影响。其中，方案 1 是指以 1、2、3 号槽为尾煤，4 号槽为精煤；方案 2 是指以 1、2 号槽为尾煤，3、4 号槽为精煤；方案 3 是指以 1 号槽为尾煤，2、3、4 号槽为精煤。

图 4.25 表明，方案 1 具有更低的 DGR 值，但 K 值相对也较低，说明将 4 号槽作为精煤，灰分最低，但产率也较少，精煤损失严重。综合来看，采用方案 2，在 2、3 号槽之间进行分割，1、2 号槽为尾煤，3、4 号槽作为精煤，可以在较低的 DGR 值下，得到更高的 K 值。相对来说，0.34 距径比和 0.37 距径比螺旋

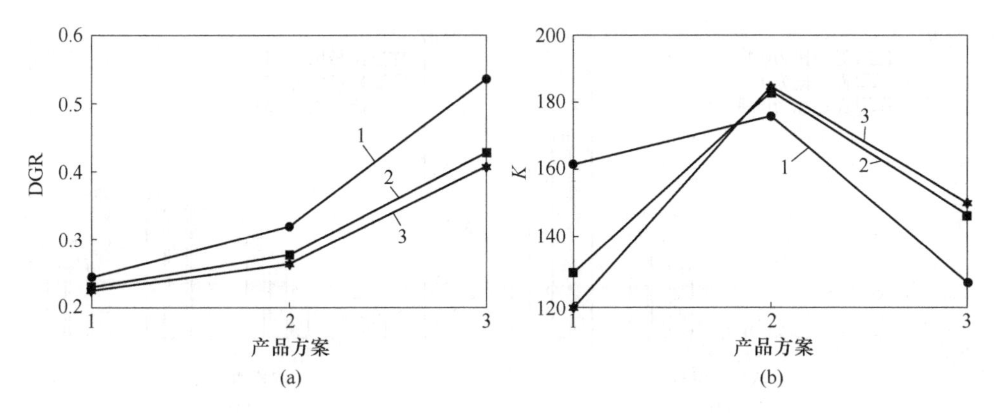

图 4.25　距径比对 3 种精煤产品方案中 DGR 和 *K* 值的影响

(a) DGR；(b) *K* 值

1—$P/D=0.40$，$\lambda=15°$，复合型；2—$P/D=0.37$，$\lambda=15°$，复合型；

3—$P/D=0.34$，$\lambda=15°$，复合型

分选机在方案 2 中 *K* 值差距不大，但 0.34 距径比螺旋分选机降灰比较低，说明针对实验室粗煤泥，以 3、4 号槽产品作为精煤，在降灰比较低的同时 *K* 值较高，可以在保证精煤灰分的前提下提高产率，相对来说，0.34 距径比螺旋分选机分选效果较好。需要注意的是，采用方案 1 时，0.4 距径比螺旋分选机 *K* 值显著高于 0.37 和 0.34 距径比螺旋分选机，且与方案 2 中 *K* 值相差较小，此时降灰比较低，因此，在选择低灰精煤时，0.4 距径比更有优势。

图 4.26 进一步揭示了距径比对颗粒径向分布的影响规律。由图 4.26 可知，3 种距径比螺旋分选机中，93%及以上的低密度颗粒（$-1.4g/cm^3$）分布在螺旋分选机外缘（3、4 号槽），0.4、0.37 和 0.34 距径比螺旋分选机在 4 号槽低密度颗粒的分布率分别为 80%、63%、57%，说明针对实验用粗煤泥，0.4 距径比螺旋分选机更容易将$-1.4g/cm^3$ 的低密度颗粒聚集在外缘 4 号槽；距径比由 0.4 降至 0.34，内缘 1、2 号槽矸石颗粒（$+1.8g/cm^3$）分布率变化不大，均为 98%及以上，但 1 号槽矸石分布率增加了 13%，说明针对实验用粗煤泥，0.4、0.37 和 0.34 距径比螺旋分选机排矸效果均较好，相对来说，0.34 距径比螺旋分选机更易于将$+1.8g/cm^3$ 的矸石颗粒聚集在 1 号槽；距径比从 0.4 降至 0.34，4 号槽 $1.4\sim1.8g/cm^3$ 分布率显著减小，2 号槽中 $1.4\sim1.8g/cm^3$ 分布率显著增加，说明降低距径比，突破煤用螺旋分选机距径比不低于 0.4 的限制，有利于中间密度颗粒进一步向内缘聚集。

综上，在试验条件下，0.4、0.37、0.34 距径比螺旋分选机降灰效果明显，降灰比沿径向由内至外逐渐降低；0.4 距径比螺旋分选机更易于将低密度颗粒向外缘聚集，使 4 号槽在灰分较低的同时，产率显著高于 0.37、0.34 距径比螺旋

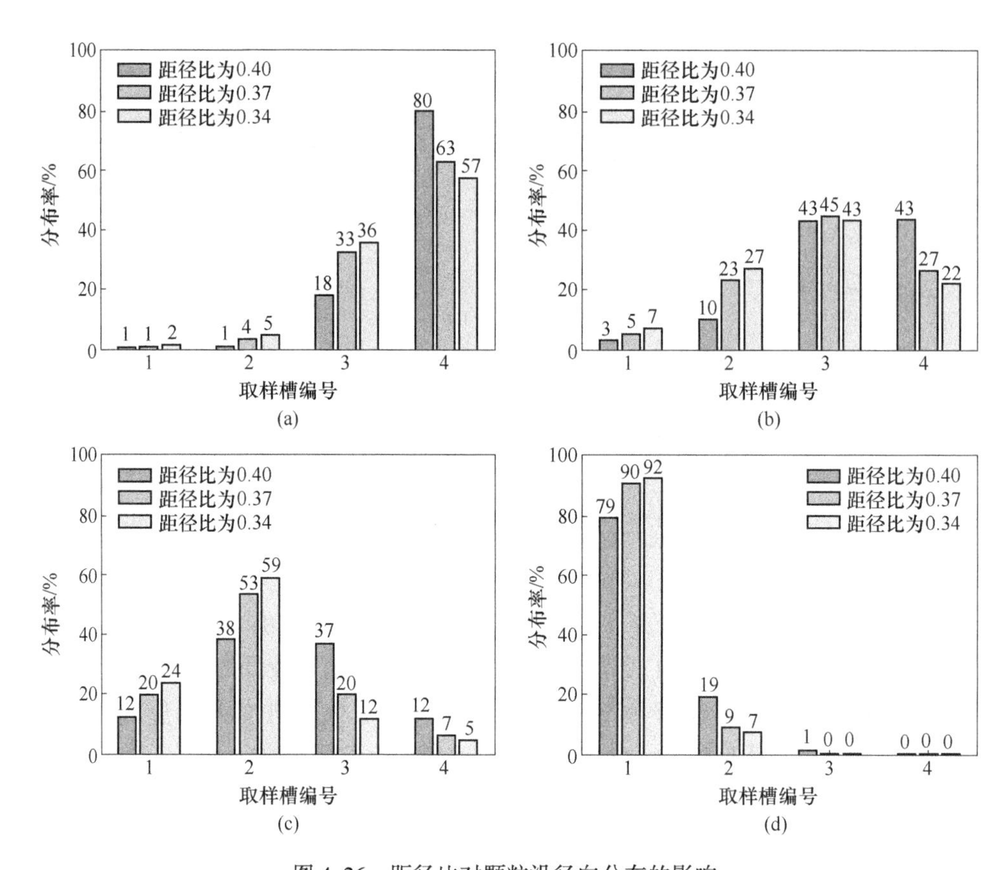

图 4.26 距径比对颗粒沿径向分布的影响

(a) $-1.4g/cm^3$；(b) $1.4\sim1.6g/cm^3$；(c) $1.6\sim1.8g/cm^3$；(d) $+1.8g/cm^3$

分选机；3 种距径比螺旋分选机排矸效果较好，0.34 距径比螺旋分选机更易于将 $+1.8g/cm^3$ 颗粒向内缘聚集。结合图 4.2 中 0.4、0.37 和 0.34 距径比结构特性和第 3 章动力学分析可知，距径比越小，纵向倾角也越小，重力沿径向的分力也越大，矸石颗粒也就更容易聚集在 1 号槽。此外，由第 2 章的流场数值模拟可知，0.4 距径比具有更大的纵向速度，离心力也越大，更容易将 3 号槽中的低密度颗粒运送到 4 号槽，使 4 号槽产率显著提高。

4.6 螺旋分选过程中分选特性的影响规律

4.6.1 螺旋分选过程中产率/灰分沿径向变化规律

常用螺旋分选机是由 4~8 圈相同结构参数螺旋槽组合而成，每一圈均可视为一个分选单元。理论上，随着分选的进行，颗粒在槽面沿径向的分布发生变化，需要有与之适配的结构参数优化分选效果。因此，研究粗煤泥螺旋分选过程中颗粒在分选过程中沿径向的分布规律具有重要的意义。以范各庄选煤厂 1~0.25mm 粗煤泥为试验煤样，采用图 4.3 所示的实验回路，研究结构参数对颗粒沿径向分布的影响规律，为螺旋分选机的进一步优化提供事实依据。不同结构参数下，螺旋分选过程中各取样槽产率、灰分变化情况如图 4.27 所示。

现以 S_1（0.4 距径比，17°横向倾角椭圆型槽面）为例，阐述粗煤泥螺旋分选过程中产率/灰分沿径向的变化规律。由图 4.27S_1 可知：

（1）0~1 圈：经过 1 圈的分选，颗粒沿径向分布不均匀，4 号槽产率显著高于 1 号槽产率；1、2 号槽灰分均为 70%左右，3 号槽灰分 35.16%，4 号槽灰分 10.48%，初步实现分选效果；

（2）1~2 圈：经过 2 圈的分选，相对于第 1 圈，1 号槽产率增加了 7.17%，4 号槽产率增加了 1.24%；2、3 号槽产率分别下降了 2.65%、5.75%，且 1、2 号槽灰分分别增加了 5.24%、4.31%，3、4 号槽灰分分别降低了 10.7%、1.29%，说明在 1~2 圈，分选作用加强，1 号槽产率、灰分均增加，4 号槽灰分降低的同时，产率也增加；

（3）2~3 圈：经过 3 圈的分选，相对于第 2 圈，1 号槽产率增加了 5.45%，2、3、4 号槽产率分别降低了 1.92%、1.89%、1.64%，且 1 号槽灰分增加了 1.76%，2、3、4 号槽灰分分别降低 6.41%、6.08%、0.01%，说明在 2~3 圈，分选作用进一步增强，1 号槽产率、灰分进一步增加，2、3 号槽降灰效果进一步增强，但 4 号槽灰分几乎不变；

（4）3~4 圈：经过 4 圈的分选，相较于第 3 圈，1 号槽产率增加 3.39%，2、3、4 号槽产率分别降低 1.73%、0.94%、0.72%，且 1、2、3 号槽灰分分别降低 0.45%、6.31%、2.68%，4 号槽灰分增加 1.5%；说明在 3~4 圈，分选效果变差，导致 4 号槽灰分反而有一定增长，总体而言，仍具备一定分选效果，1 号槽在灰分几乎不变的基础上，产率进一步增加，2、3 号槽降灰效果也较为明显；

（5）4~5 圈：经过 5 圈的分选，相较于第 4 圈，1、2 号槽产率分别降低 1.48%、0.88%，3、4 号槽产率分别增加 0.01%、2.36%，且 1、2、3 号槽灰分分别增加 3.85%、6.41%、0.24%，4 号槽灰分降低 1.92%，说明在 4~5 圈，分选效果显著，1、2 号槽灰分显著增加，4 号槽灰分显著降低的同时产率有所增加。

总体而言，在 S_1 螺旋分选机中，矿浆经过第一圈后已初步实现分选，此时大量颗粒聚集在外缘，1、2 号槽产率较少；随后的两圈，聚集在 2、3 号槽的高密度颗粒逐渐移向内缘，造成 1 号槽产率灰分均增加，4 号槽的灰分也进一步降低；经过第 4、第 5 圈的分选，1 号槽产率、灰分进一步增加，4 号槽灰分降低的同时，产率也有所增加，分选效果得到进一步增强。

结合图 4.27 可知，各结构参数下，螺旋分选过程中产率/灰分沿径向变化规

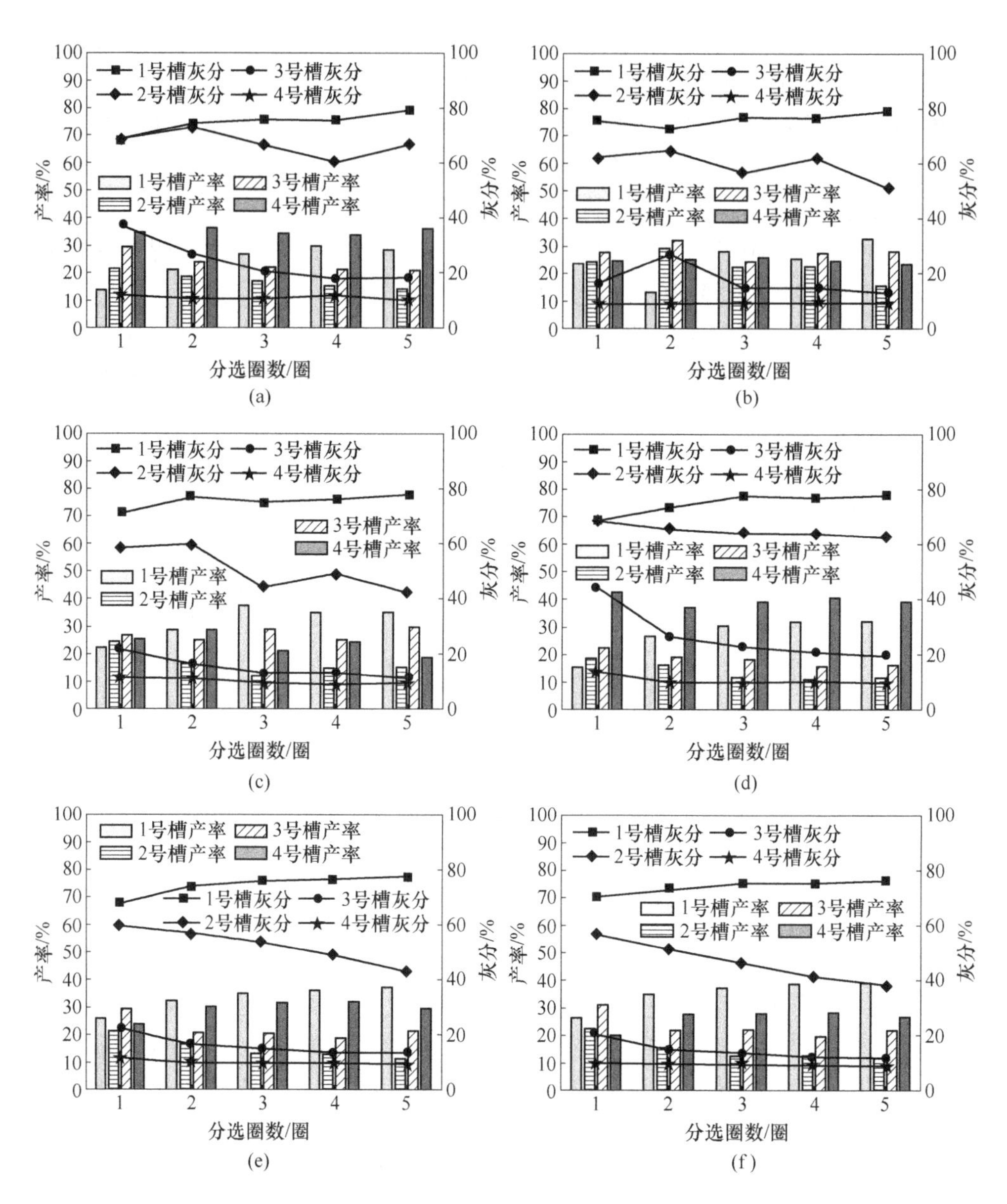

图 4.27　结构参数对分选过程中产品指标的影响

(a) S_1；(b) S_2；(c) S_3；(d) S_4；(e) S_5；(f) S_6

律相似，结构参数对螺旋分选过程并没有太大影响。总体而言，经过第 1 圈的分选，灰分沿径向有明显的差异，由内至外灰分逐渐递减；在其他参数一致的情况下，椭圆型槽面在第 1 圈分选后颗粒沿径向分布不均匀，产率由内至外有明显的递增趋势，相对而言，颗粒在立方抛物线型、复合型槽面螺旋分选机中分布较为均衡；在复合型槽面基础上，距径比增加，或者横向倾角减小，均会导致更多的颗粒移向外缘。随着分选距离的增加，1 号槽灰分、产率逐渐增加，4 号槽灰分逐渐减小，但产率变化不大，且 2、3 号槽灰分、产率均随着分选距离的增加而降低。从图 4.27 还可以看出，经过 3 圈的分选后，1、4 号槽产率、灰分变化不够明显，相对而言 2、3 号槽产品指标变化更明显。

图 4.28 进一步揭示了不同结构参数下，螺旋分选过程中灰分沿径向变化情况。由图 4.28 可知，总体而言，颗粒经过第 1 圈的分选后，灰分沿径向已经有明显的差异；此后的分选，实质上是 1 号槽灰分累加，2、3、4 号槽灰分逐渐递减的过程。经过 3 圈的分选，1、3、4 号槽灰分基本不变，2 号槽灰分一直处于降低趋势。

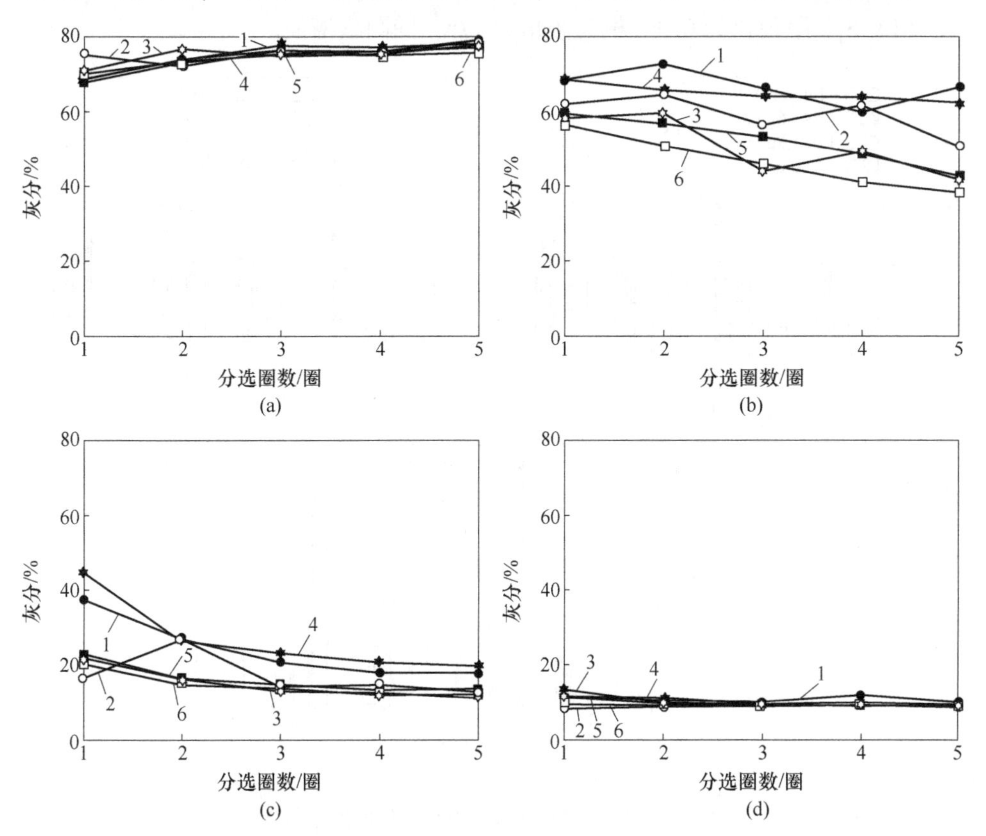

图 4.28 结构参数对螺旋分选过程中灰分的影响规律

(a) 1 号槽；(b) 2 号槽；(c) 3 号槽；(d) 4 号槽

1—$P/D=0.40$，$\lambda=17°$，椭圆型；2—$P/D=0.40$，$\lambda=17°$，抛物线；3—$P/D=0.40$，$\lambda=17°$，复合型；4—$P/D=0.40$，$\lambda=15°$，复合型；5—$P/D=0.37$，$\lambda=17°$，复合型；6—$P/D=0.34$，$\lambda=17°$，复合型

综合上述讨论，在实验条件下，初步可以将粗煤泥螺旋分选过程分为两个阶

段：前 3 圈为粗选阶段，后两圈为精选阶段。在粗选阶段，迅速完成矸石向内缘聚集的过程，伴随有 2、3、4 号槽的降灰过程；精选阶段，主要是 3、4 号槽灰分的进一步降低，最终完成分选。

4.6.2　螺旋分选过程颗粒运动规律

由前述讨论可知，粗煤泥螺旋分选可大致分为粗选和精选阶段。为了进一步探讨颗粒在螺旋分选过程的运动规律，将颗粒经过 1 圈、3 圈、5 圈后的产品进行浮沉试验，分析螺旋分选过程颗粒运动规律，如图 4.29～图 4.34 所示。本节具体介绍颗粒在不同结构螺旋分选机分选过程中的分布规律。

（1）S_1：距径比为 0.4，横向倾角为 17°，椭圆型槽面。

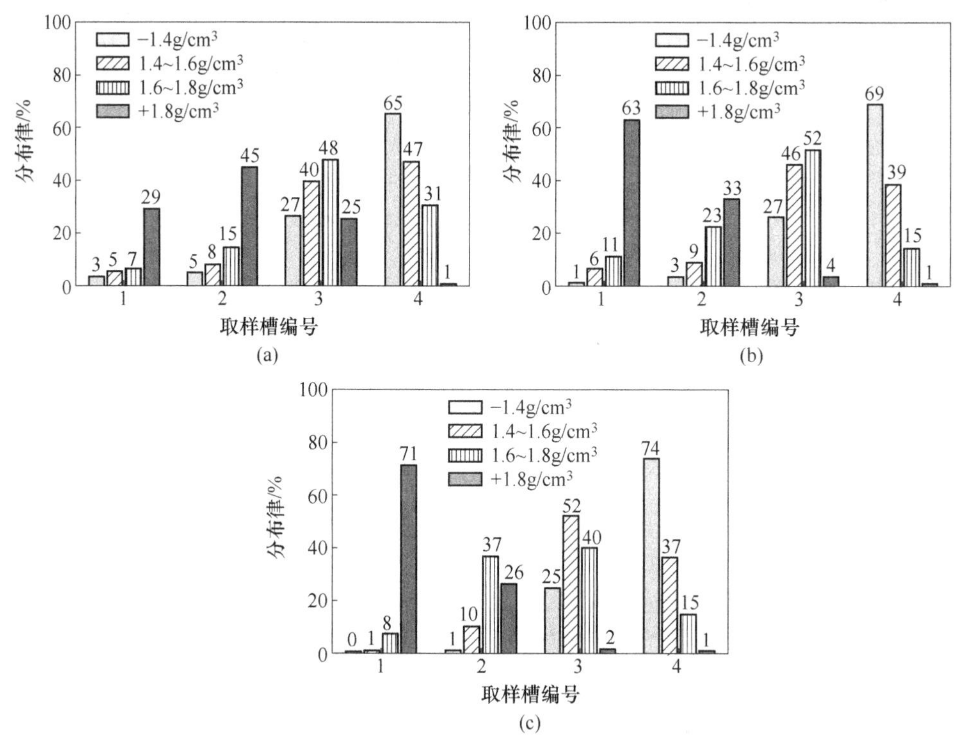

图 4.29　S_1螺旋分选过程中颗粒径向分布规律

（a）第 1 圈；（b）第 3 圈；（c）第 5 圈

由图 4.29 可知，经过 1 圈的分选，92%的 1.4g/cm³ 颗粒聚集在外缘 3、4 号槽，其中，65%的−1.4g/cm³ 颗粒聚集 4 号槽；分别有 87%的 1.4～1.6g/cm³ 颗粒和 79%的 1.6～1.8g/cm³ 颗粒聚集在外缘 3、4 号槽，相对来说，1.6～1.8g/cm³ 颗粒更多地聚集在 3 号槽，1.4～1.6g/cm³ 颗粒更多地聚集在 4 号槽；74%的+1.8g/cm³ 颗粒聚集在内缘 1、2 号槽，其中，45%的+1.8g/cm³ 颗粒聚集在内缘

1号槽。综上，经过1圈的分选，$-1.4g/cm^3$ 颗粒和 $+1.8g/cm^3$ 颗粒有较明显的分带，但中间密度级颗粒在3、4号槽仍有较多分布。

经过3圈的分选，96%的 $-1.4g/cm^3$ 颗粒聚集在3、4号槽，其中67%的 $-1.4g/cm^3$ 颗粒聚集在外缘4号槽；分别有85%的 $1.4\sim1.6g/cm^3$ 颗粒和67%的 $1.6\sim1.8g/cm^3$ 颗粒聚集在外缘3、4号槽；99%的 $+1.8g/cm^3$ 颗粒聚集在内缘1、2号槽，其中，63%的 $+1.8g/cm^3$ 颗粒聚集在1号槽。相对于经过1圈分选的数据，高密度颗粒与低密度颗粒径向分带更为清晰，中间密度颗粒也更多地向内缘移动。

经过5圈的分选，99%的 $-1.4g/cm^3$ 颗粒聚集在外缘的3、4号槽，其中，74%的 $-1.4g/cm^3$ 颗粒聚集在4号槽；分别有89%的 $1.4\sim1.6g/cm^3$ 颗粒和65%的 $1.6\sim1.8g/cm^3$ 颗粒聚集在外缘3、4号槽；97%的 $+1.8g/cm^3$ 颗粒聚集在1、2号槽，其中，71%的颗粒聚集在内缘1号槽。相对于经过3圈分选的数据，更多的 $+1.8g/cm^3$ 颗粒聚集在内缘1号槽，外缘4号槽的 $-1.4g/cm^3$ 颗粒分布率也增加，中间密度级颗粒则进一步向内缘移动。

（2）S_2：距径比为0.4，横向倾角为17°，立方抛物线型槽面。

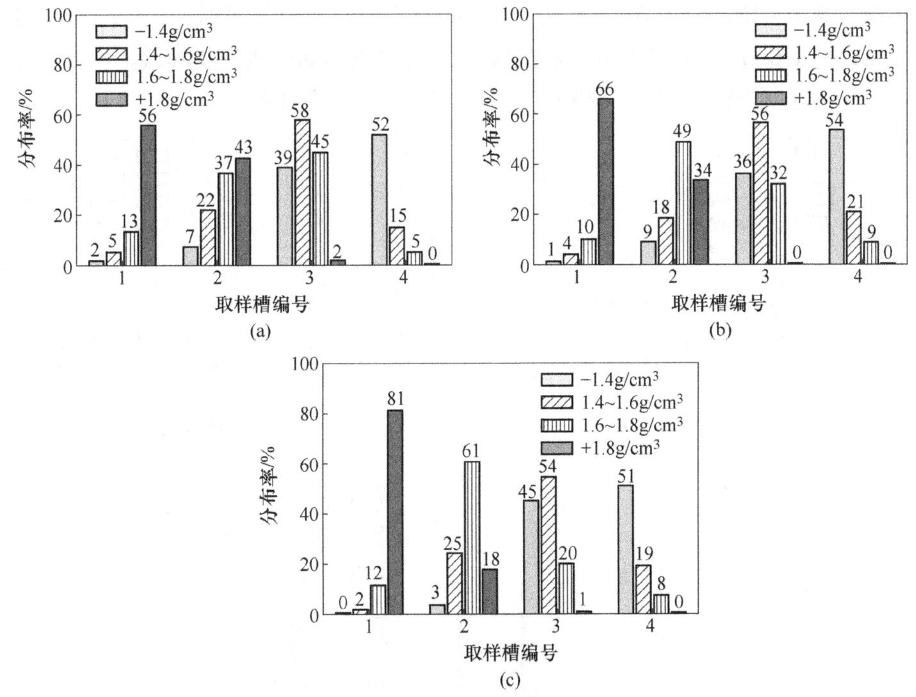

图4.30 S_2螺旋分选过程中颗粒径向分布规律

（a）第1圈；（b）第3圈；（c）第5圈

由图4.30可知，经过1圈的分选，91%的 $-1.4g/cm^3$ 颗粒聚集在外缘3、4号槽，其中52%的 $-1.4g/cm^3$ 颗粒聚集在外缘4号槽；分别有73%的 $1.4\sim1.6g/cm^3$

颗粒、50%的 1.6～1.8g/cm³ 颗粒聚集在外缘 3、4 号槽，且 1.4～1.6g/cm³ 和 1.6～1.8g/cm³ 颗粒主要聚集在外缘 3 号槽；97%的+1.8g/cm³ 颗粒聚集在内缘 1、2 号槽，其中，56%的+1.8g/cm³ 颗粒聚集在内缘 1 号槽。综上，经过1 圈的分选，-1.4g/cm³ 颗粒和+1.8g/cm³ 颗粒有较明显的分带，中间密度颗粒在 3、4 号槽仍有较多分布。

经过 3 圈的分选，90%的-1.4g/cm³ 颗粒聚集在外缘 3、4 号槽，54%的-1.4g/cm³颗粒聚集在外缘 4 号槽；分别有 77%的 1.4～1.6g/cm³ 颗粒和 41%的 1.6～1.8g/cm³ 颗粒聚集在外缘 3、4 号槽；100%的+1.8g/cm³ 颗粒聚集在内缘 1、2 号槽，其中，66%的+1.8g/cm³ 颗粒聚集在内缘 1 号槽。相对于经过 1 圈分选的数据，高密度颗粒与低密度颗粒径向分带更为清晰，中间密度颗粒也更多地向内缘移动。

经过 5 圈的分选，96%的-1.4g/cm³ 颗粒聚集在外缘的 3、4 号槽，其中，51%的-1.4g/cm³ 颗粒聚集在外缘 4 号槽；分别有 73%的 1.4～1.6g/cm³ 颗粒和 28%的 1.6～1.8g/cm³ 颗粒聚集在外缘 3、4 号槽；99%的+1.8g/cm³ 颗粒聚集在 1、2 号槽，其中，81%的颗粒聚集在内缘 1 号槽。相对于经过 3 圈分选的数据，更多的+1.8g/cm³ 颗粒聚集在内缘 1 号槽，外缘 3、4 号槽的-1.4g/cm³ 颗粒分布率也增加，中间密度级颗粒，尤其是 1.6～1.8g/cm³ 颗粒，在外缘 3、4 号槽的分布率进一步降低。

（3）S_3：距径比为 0.4，横向倾角为 17°，复合型槽面。

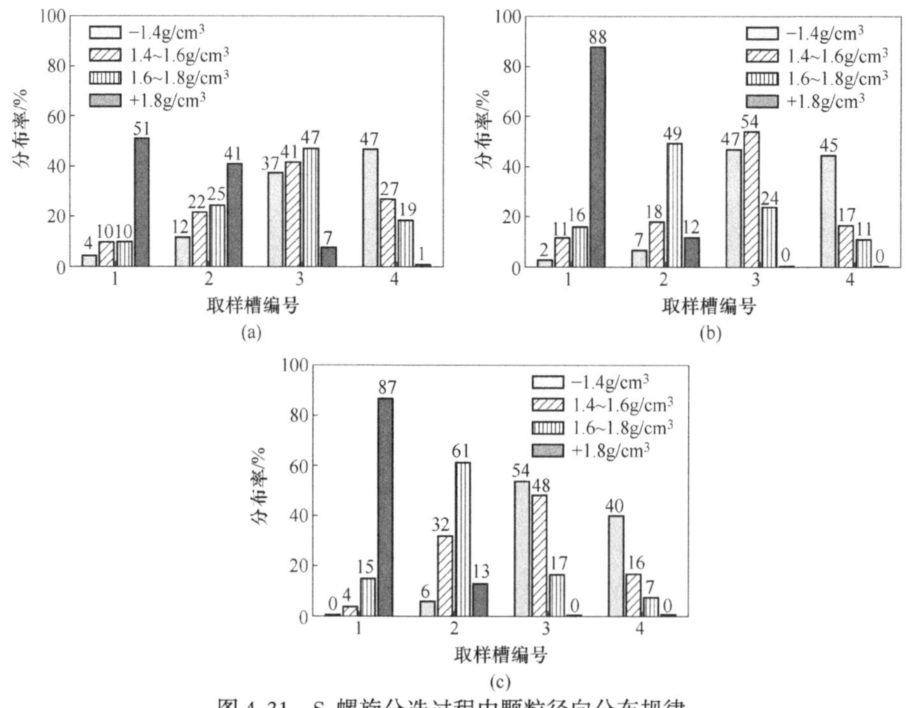

图 4.31　S_3螺旋分选过程中颗粒径向分布规律

（a）第 1 圈；（b）第 3 圈；（c）第 5 圈

由图 4.31 可知，经过 1 圈的分选，84%的-1.4g/cm^3 颗粒聚集在外缘 3、4 号槽，其中 47%的-1.4g/cm^3 颗粒聚集在外缘 4 号槽；分别有 68%的 1.4~1.6g/cm^3 颗粒、66%的 1.6~1.8g/cm^3 颗粒聚集在外缘 3、4 号槽，相对来说，1.4~1.6g/cm^3 和 1.6~1.8g/cm^3 颗粒主要聚集在外缘 3 号槽；92%的+1.8g/cm^3 颗粒聚集在内缘 1、2 号槽，其中 51%的+1.8g/cm^3 颗粒聚集在 1 号槽。综上，经过1 圈的分选，-1.4g/cm^{3}颗粒和+1.8g/cm^3 颗粒有较明显的分带，中间密度颗粒在 3、4 号槽仍有较多分布。

经过 3 圈的分选，92%的-1.4 g/cm^3 颗粒聚集在 3、4 号槽，其中 45%的-1.4g/cm^3 颗粒聚集在外缘 4 号槽；分别有 71%的 1.4~1.6g/cm^3 颗粒和 35%的 1.6~1.8g/cm^3 颗粒聚集在外缘 3、4 号槽；100%的+1.8g/cm^3 颗粒聚集在内缘 1、2 号槽，其中，88%的+1.8g/cm^3 颗粒聚集在 1 号槽。相对于经过 1 圈分选的数据，+1.8g/cm^3 与-1.4g/cm^3 颗粒径向分带更为清晰，中间密度颗粒也更多地向内缘移动。

经过 5 圈的分选，94%的-1.4g/cm^3 颗粒聚集在外缘的 3、4 号槽，其中，40%的-1.4g/cm^3 颗粒聚集在 4 号槽；分别有 64%的 1.4~1.6g/cm^3 颗粒和 24%的 1.6~1.8g/cm^3 颗粒聚集在外缘 3、4 号槽；100%的+1.8g/cm^3 颗粒聚集在 1、2 号槽，其中，87%的颗粒聚集在内缘 1 号槽。相对于经过 3 圈分选的数据，+1.8g/cm^3 颗粒在内缘的分布率几乎不变，外缘 3、4 号槽的-1.4g/cm^3 颗粒分布率增加，中间密度级颗粒，尤其是 1.6~1.8g/cm^3 颗粒，在外缘 3、4 号槽的分布率进一步降低。

（4）S_4：距径比为 0.4，横向倾角为 15°，复合型槽面。

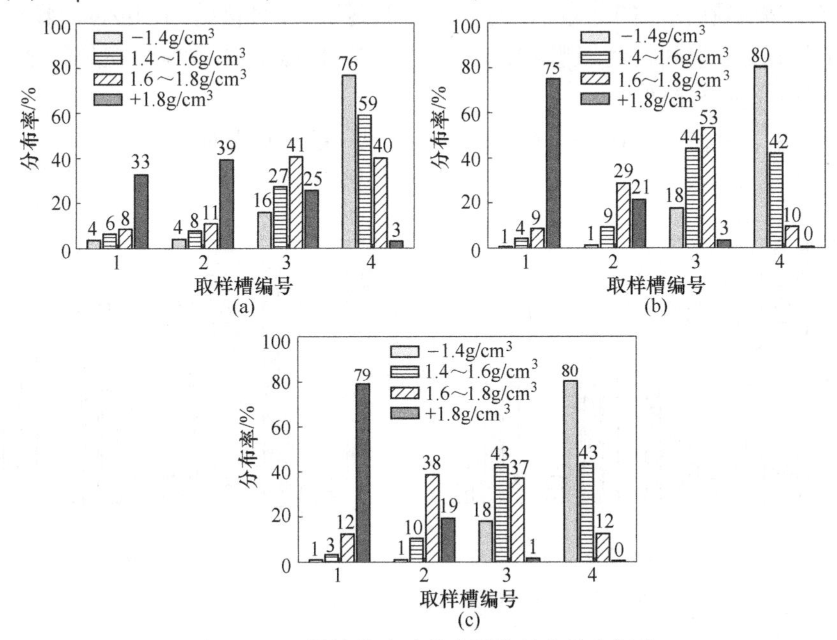

图 4.32 S_4螺旋分选过程中颗粒径向分布规律

（a）第 1 圈；（b）第 3 圈；（c）第 5 圈

由图 4.32 可知，经过 1 圈的分选，92%的 $-1.4\mathrm{g/cm^3}$ 颗粒聚集在外缘 3、4 号槽，其中 76%的 $-1.4\mathrm{g/cm^3}$ 颗粒聚集在外缘 4 号槽；分别有 86%的 $1.4\sim1.6\mathrm{g/cm^3}$ 颗粒、81%的 $1.6\sim1.8\mathrm{g/cm^3}$ 颗粒聚集在外缘 3、4 号槽，相对来说，$1.4\sim1.6\mathrm{g/cm^3}$ 和 $1.6\sim1.8\mathrm{g/cm^3}$ 颗粒主要聚集在外缘 4 号槽；72%的 $+1.8\mathrm{g/cm^3}$ 颗粒聚集在内缘 1、2 号槽，其中，33%的 $+1.8\mathrm{g/cm^3}$ 颗粒聚集在内缘 1 号槽。综上，经过 1 圈的分选，$-1.4\mathrm{g/cm^3}$ 颗粒和 $+1.8\mathrm{g/cm^3}$ 颗粒有较明显的分带，中间密度颗粒在 3、4 号槽仍有较多分布，外缘 3 号槽也有较多的 $+1.8\mathrm{g/cm^3}$ 颗粒。

经过 3 圈的分选，98%的 $-1.4\mathrm{g/cm^3}$ 颗粒聚集在 3、4 号槽，其中 80%的 $-1.4\mathrm{g/cm^3}$ 颗粒聚集在外缘 4 号槽；分别有 86%的 $1.4\sim1.6\mathrm{g/cm^3}$ 颗粒和 63%的 $1.6\sim1.8\mathrm{g/cm^3}$ 颗粒聚集在外缘 3、4 号槽；96%的 $+1.8\mathrm{g/cm^3}$ 颗粒聚集在内缘 1、2 号槽，其中，75%的 $+1.8\mathrm{g/cm^3}$ 颗粒聚集在内缘 1 号槽。相对于经过 1 圈分选的数据，$+1.8\mathrm{g/cm^3}$ 与 $-1.4\mathrm{g/cm^3}$ 颗粒径向分带更为清晰，中间密度颗粒也更多地向内缘移动。

经过 5 圈的分选，98%的 $-1.4\mathrm{g/cm^3}$ 颗粒聚集在外缘的 3、4 号槽，其中，80%的 $-1.4\mathrm{g/cm^3}$ 颗粒聚集在 4 号槽；分别有 83%的 $1.4\sim1.6\mathrm{g/cm^3}$ 颗粒和 49%的 $1.6\sim1.8\mathrm{g/cm^3}$ 颗粒聚集在外缘 3、4 号槽；99%的 $+1.8\mathrm{g/cm^3}$ 颗粒聚集在 1、2 号槽，其中，79%的颗粒聚集在内缘 1 号槽。相对于经过 3 圈分选的数据，$+1.8\mathrm{g/cm^3}$ 颗粒在内缘的分布率几乎不变，外缘 3、4 号槽的 $-1.4\mathrm{g/cm^3}$ 颗粒分布率也几乎不变，中间密度级颗粒，尤其是 $1.6\sim1.8\mathrm{g/cm^3}$ 颗粒，在外缘 3、4 号槽的分布率进一步降低。

（5）S_5：距径比为 0.37，横向倾角为 15°，复合型槽面。

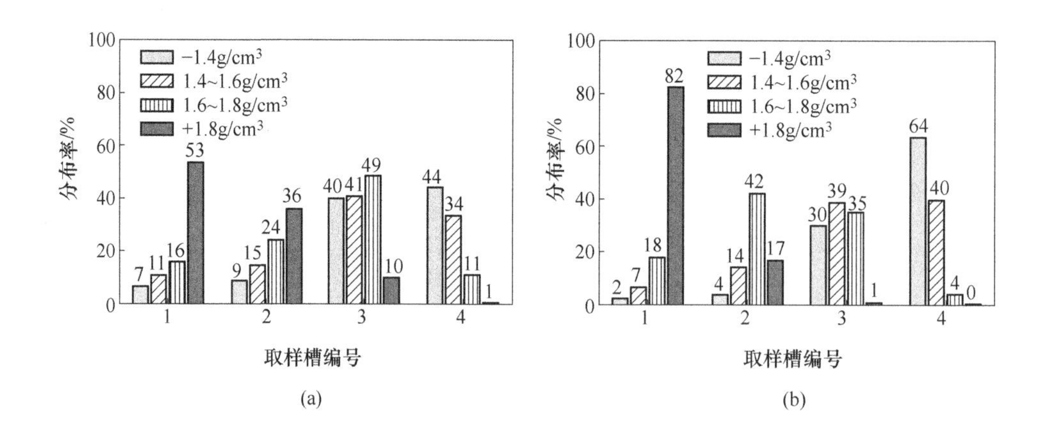

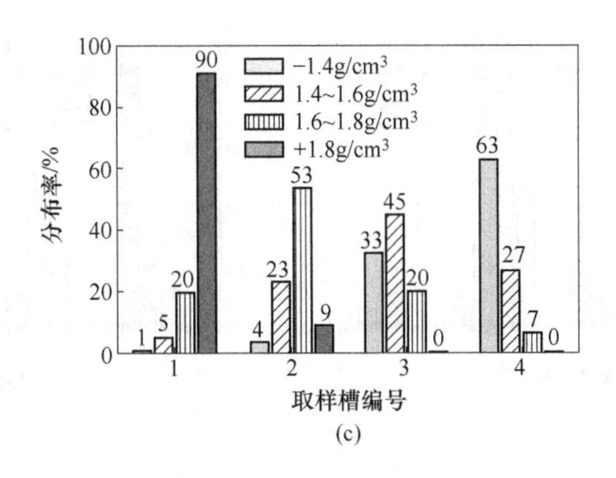

(c)

图 4.33 S_5螺旋分选过程中颗粒径向分布规律

(a) 第 1 圈；(b) 第 3 圈；(c) 第 5 圈

由图 4.33 可知，经过 1 圈的分选，84%的$-1.4g/cm^3$ 颗粒聚集在外缘 3、4 号槽，其中 44%的$-1.4g/cm^3$ 颗粒聚集在外缘 4 号槽；分别有 75%的 $1.4\sim1.6g/cm^3$ 颗粒、60%的 $1.6\sim1.8g/cm^3$ 颗粒聚集在外缘 3、4 号槽，相对来说，$1.4\sim1.6g/cm^3$和 $1.6\sim1.8g/cm^3$ 颗粒主要聚集在外缘 3 号槽；89%的$+1.8g/cm^3$ 颗粒聚集在内缘 1、2 号槽，其中 53%的$+1.8g/cm^3$ 颗粒聚集在 1 号槽。综上，经过 1 圈的分选，$-1.4g/cm^3$ 颗粒和$+1.8g/cm^3$ 颗粒有较明显的分带，中间密度颗粒在 3、4 号槽仍有较多分布。

经过 3 圈的分选，94%的$-1.4g/cm^3$ 颗粒聚集在 3、4 号槽，其中 64%的$-1.4g/cm^3$ 颗粒聚集在外缘 4 号槽；分别有 79%的 $1.4\sim1.6g/cm^3$ 颗粒和 39%的 $1.6\sim1.8g/cm^3$ 颗粒聚集在外缘 3、4 号槽；99%的$+1.8g/cm^3$ 颗粒聚集在内缘 1、2 号槽，其中，82%的$+1.8g/cm^3$ 颗粒聚集在 1 号槽。相对于经过 1 圈分选的数据，$+1.8g/cm^3$与$-1.4g/cm^3$ 颗粒径向分带更为清晰，中间密度颗粒，尤其是 $1.6\sim1.8g/cm^3$ 颗粒，更多地向内缘移动。

经过 5 圈的分选，99%的$-1.4g/cm^3$ 颗粒聚集在外缘的 3、4 号槽，其中，63%的$-1.4g/cm^3$ 颗粒聚集在 4 号槽；分别有 72%的 $1.4\sim1.6g/cm^3$ 颗粒和 27%的 $1.6\sim1.8g/cm^3$ 颗粒聚集在外缘 3、4 号槽；99%的$+1.8g/cm^3$ 颗粒聚集在 1、2 号槽，其中，90%的颗粒聚集在内缘 1 号槽。相对于经过 3 圈分选的数据，$+1.8g/cm^3$颗粒在内缘的分布率几乎不变，外缘 3、4 号槽的$-1.4g/cm^3$ 颗粒分布率增加，中间密度级颗粒，尤其是 $1.6\sim1.8g/cm^3$ 颗粒，在外缘 3、4 号槽的分布率进一步降低。

(6) S_6：距径比为 0.34，横向倾角为 15°，复合型槽面。

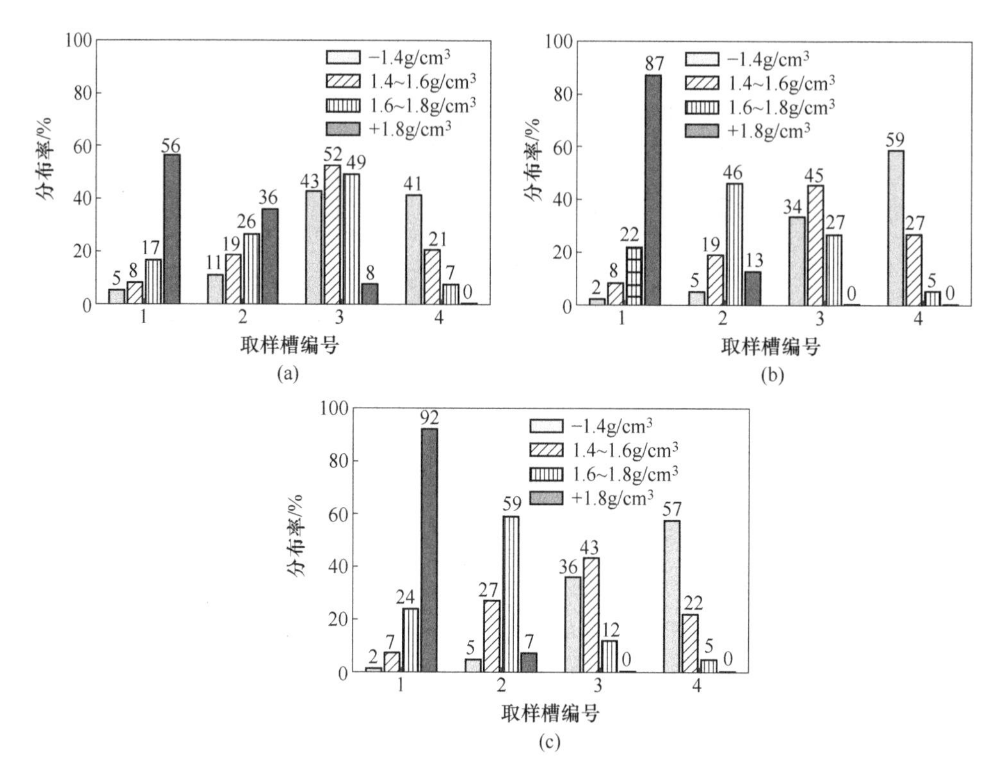

图 4.34　S_6螺旋分选过程中颗粒径向分布规律

（a）第 1 圈；（b）第 3 圈；（c）第 5 圈

由图 4.34 可知，经过 1 圈的分选，84%的−1.4g/cm³ 颗粒聚集在外缘 3、4 号槽，其中 41%的−1.4g/cm³ 颗粒聚集在外缘 4 号槽；分别有 73%的 1.4~1.6g/cm³ 颗粒、56%的 1.6~1.8g/cm³ 颗粒聚集在外缘 3、4 号槽，相对来说，1.4~1.6g/cm³和 1.6~1.8g/cm³ 颗粒主要聚集在外缘 3 号槽；92%的+1.8g/cm³ 颗粒聚集在内缘 1、2 号槽，其中 56%的+1.8g/cm³ 颗粒聚集在 1 号槽。综上，经过 1 圈的分选，−1.4g/cm³ 颗粒和+1.8g/cm³ 颗粒有较明显的分带，中间密度颗粒在 3、4 号槽仍有较多分布。

经过 3 圈的分选，93%的−1.4g/cm³ 颗粒聚集在 3、4 号槽，其中 59%的−1.4g/cm³ 颗粒聚集在外缘 4 号槽；分别有 72%的 1.4~1.6g/cm³ 颗粒和 32%的 1.6~1.8g/cm³ 颗粒聚集在外缘 3、4 号槽；100%的+1.8g/cm³ 颗粒聚集在内缘 1、2 号槽，其中，87%的+1.8g/cm³ 颗粒聚集在内缘 1 号槽。相对于经过 1 圈分选的数据，+1.8g/cm³ 与−1.4g/cm³ 颗粒径向分带更为清晰，中间密度颗粒，尤其是 1.6~1.8g/cm³ 颗粒，更多地向内缘移动。

经过 5 圈的分选，93%的−1.4g/cm³ 颗粒聚集在外缘的 3、4 号槽，其中，

57%的-1.4g/cm^3 颗粒聚集在4号槽；分别有65%的1.4~1.6g/cm^3 颗粒和17%的1.6~1.8g/cm^3 颗粒聚集在外缘3、4号槽；99%的+1.8g/cm^3 颗粒聚集在1、2号槽，其中，92%的颗粒聚集在内缘1号槽。相对于经过3圈分选的数据，+1.8g/cm^{3}颗粒在内缘的分布率几乎不变，外缘3、4号槽的-1.4g/cm^3 颗粒分布率也几乎不变，中间密度级颗粒，尤其是1.6~1.8g/cm^3 颗粒，在外缘3、4号槽的分布率进一步降低。

综合上述讨论，基于6台不同结构参数螺旋分选机的半工业分选试验，粗煤泥螺旋分选过程可分为粗选阶段和精选阶段；粗选阶段，约为3圈，矿浆进入螺旋槽后，经过第1圈分选，72%以上的+1.8g/cm^3 颗粒进入内缘区，84%以上的-1.4g/cm^3 颗粒聚集在外缘区；随后两圈，聚集在内缘区的+1.8g/cm^3 颗粒增加到96%以上，聚集在外缘区的-1.4g/cm^3 颗粒增加到90%以上，轻重颗粒初步实现分选，但1.4~1.8 g/cm^3 中间密度颗粒在外缘与-1.4g/cm^3 颗粒混杂较明显；精选阶段，约为2圈，中间密度（1.4~1.8g/cm^3）颗粒进一步向内缘运动，内缘区+1.8g/cm^3 颗粒分布率几乎不变，外缘区-1.4g/cm^3 颗粒分布率有微弱增加。

4.7 结构参数对颗粒径向分带的影响规律

4.7.1 结构参数对不同密度颗粒径向分布的影响规律

为了进一步揭示煤泥颗粒在不同结构参数螺旋分选机中的运动行为，在入料流量为2.0m^3/h，入料浓度25%条件下，基于实验室6台不同结构参数螺旋分选机对1~0.25mm粗煤泥进行分选试验，在截料端对各取样槽产品进行浮沉试验，分析不同结构参数条件下，颗粒沿径向的分布规律。图4.35~图4.37分别表示-1.4g/cm^3 颗粒、1.4~1.8g/cm^3 颗粒、+1.8g/cm^3 颗粒在不同结构螺旋分选机截料端的径向分布情况。

由图4.35可以看出，-1.4g/cm^3 颗粒主要聚集在外缘3、4号槽，结构参数主要影响-1.4g/cm^3 颗粒在3、4号槽的分布。总体来说，90%以上的低密度颗粒分布在3、4号槽，结构参数对-1.4g/cm^3 颗粒在3、4号槽总的分布率影响不大；具体而言，在其他参数一致时，-1.4g/cm^3 颗粒在椭圆型槽面中主要分布在外缘4号槽，-1.4g/cm^3 颗粒在立方抛物线和复合型槽面3、4号槽中的分布较为均衡；在复合型槽面基础上，横向倾角从17°将至15°，3、4号槽-1.4g/cm^3 颗粒的总分布率增加了4%，其中4号槽-1.4g/cm^3 颗粒分布率增加了40%；在复合型槽面基础上，距径比由0.4降至0.34，外缘3、4号槽-1.4g/cm^3 颗粒的总分布率减少了4%，其中4号槽-1.4g/cm^3 颗粒分布率降低了23%。其中，距径比从 0.4 降至 0.37，约 15%的低密度颗粒由 4 号槽向内运行到 3 号槽，距径比进一步由 0.37 降至 0.34，4 号槽低密度颗粒的降幅变小。综上，椭圆型槽面更易于将-1.4g/cm^3 颗粒聚集在外缘 4 号槽，复合型槽面基础上，降低横向倾角，或者增大距径比，都可以促进-1.4g/cm^3 颗粒向外缘运动的趋势。

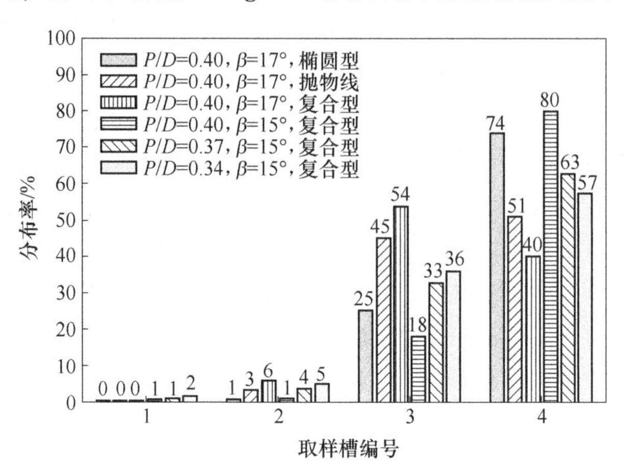

图 4.35　结构参数对-1.4g/cm^3 颗粒径向分布的影响

由图 4.36 可以看出，总体而言，1.4~1.6g/cm^3 颗粒主要分布在 3 号槽，1.6~1.8g/cm^3 颗粒主要分布在 2 号槽。在其他参数一致时，分别有 89%的 1.4~1.6g/cm^3 颗粒和 55%的 1.6~1.8g/cm^3 颗粒聚集在椭圆型槽面的 3、4 号槽；在立方抛物线槽面 3、4 号槽中，1.4~1.6g/cm^3 和 1.6~1.8g/cm^3 颗粒分布率分别为 73%、28%；在复合型槽面 3、4 号槽中，1.4~1.6g/cm^3 和 1.6~1.8g/cm^3 颗粒分布率分别为 64%、24%。说明在其他参数条件一致时，椭圆型槽面更容易将中间密度级颗粒（1.4~1.8g/cm^3）聚集在外缘，立方抛物线和复合型槽面对中间密度级颗粒（1.4~1.8g/cm^3）向内缘富集的效果更好，且复合型槽面对中间密度级颗粒（1.4~1.8g/cm^3）向内缘富集的效果略强于立方抛物线槽面。在复合型槽面基础上，横向倾角从 17°降至 15°，3、4 号槽 1.4~1.6g/cm^3 颗粒的总分布率增加了 22%，1.6~1.8g/cm^3 颗粒的总分布率增加了 25%。说明在复合型槽面基础上，降低横向倾角将促使中间密度级颗粒（1.4~1.8g/cm^3）向外缘移动。在复合型槽面基础上，距径比从 0.4 降至 0.34，3、4 号槽 1.4~1.6g/cm^3 颗粒的总分布率降低了 21%，1.6~1.8g/cm^3 颗粒的总分布率降低了 27%。说明在复合型槽面基础上，降低距径比有利于中间密度级颗粒（1.4~1.8g/cm^3）向外缘移动。综上，椭圆型槽面更易于将中间密度级颗粒（1.4~1.8g/cm^3）聚集在外缘 4 号槽，复合型槽面基础上，增大横向倾角，或者降低距径比，可显著降低中间密度级颗粒（1.4~1.8g/cm^3）在外缘 3、4 号槽的分布率。

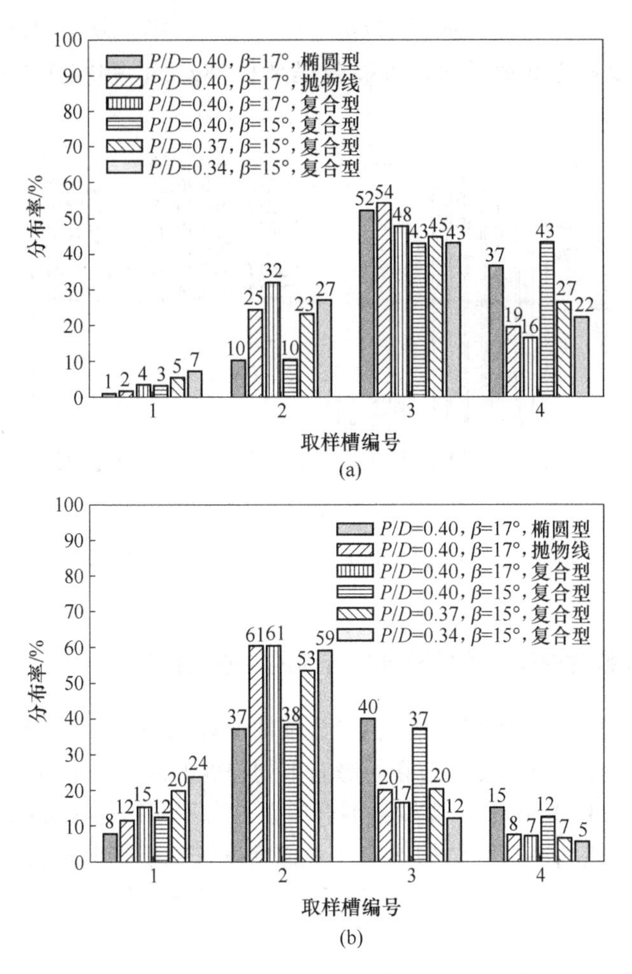

图 4.36 结构参数对 1.4~1.8g/cm³ 颗粒径向分布的影响
(a) 1.4~1.6g/cm³；(b) 1.6~1.8g/cm³

由图 4.37 可知，各参数条件下对+1.8g/cm³ 颗粒在内缘 1、2 槽的富集效果均比较理想。在其他参数条件一致时，椭圆型、立方抛物线型和复合型槽面 1 号槽+1.8g/cm³ 颗粒的分布率分别为 71%、81%、87%，说明在其他参数条件一致时，立方抛物线和复合型槽面更易于将+1.8g/cm³ 颗粒富集在内缘；在复合型槽面基础上，17°和 15°横向倾角螺旋分选机 1 号槽+1.8g/cm³ 颗粒分布率分别为 87%、79%，说明在复合型槽面基础上，增大横向倾角可以促进+1.8g/cm³ 颗粒向内缘运动的趋势。在复合型槽面基础上，0.4、0.37、0.34 距径比螺旋分选机中 1 号槽+1.8g/cm³ 颗粒分布率分别为 79%、90%、92%，说明在复合型槽面基础上，降低距径比可以提高+1.8g/cm³ 颗粒在内缘的分布率。综上，立方抛物线和复合型槽面易于将+1.8g/cm³ 颗粒富集在内缘 1 号槽，复合型槽面基础上，增大横向倾角，或者降低距径比，可显著提高+1.8g/cm³ 颗粒在内缘 1 号槽的分布率。

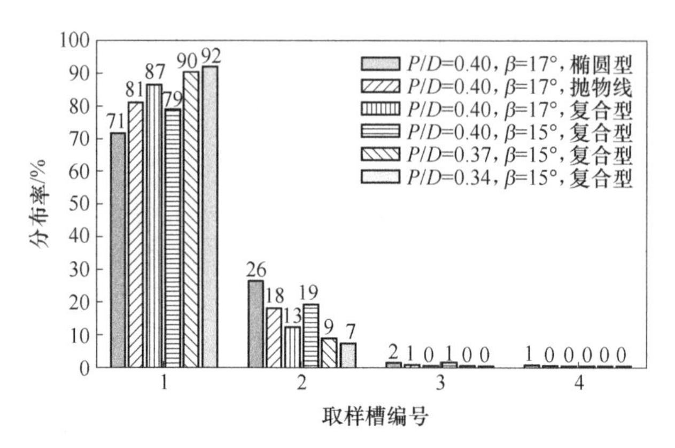

图 4.37　结构参数对+1.8g/cm³ 颗粒径向分布的影响

4.7.2　结构参数对中低密度颗粒分选行为的影响规律

前述讨论已知，实验范围内，各参数条件下对+1.8g/cm³ 颗粒在内缘的富集效果均较好，但中、低密度颗粒在外缘有不同程度的混杂。本节采用第 4 章所述的示踪颗粒与 1.4～1.5g/cm³ 煤颗粒混合后在 6 台不同结构参数的螺旋分选机中进行示踪实验，进一步探究结构参数对中低密度颗粒螺旋分选行为的影响规律。图 4.38～图 4.40 反映了不同结构参数下中/低密度颗粒在 0～0.25 圈、0.25～0.5 圈、0.75～1 圈中的分带情况。

由图 4.38 可知，总体而言，矿浆进入槽面后，沿径向分布相对较为均匀；横向倾角 17°时，矿浆进入螺旋槽后迅速被甩向外缘，流体轨迹有很明显的弯曲，说明矿浆迅速受到了离心作用，且部分矿浆有较为明显的向内缘运动的趋势；横向倾角为 15°时，矿浆的轨迹线近似为直线，说明此时矿浆受离心力作用影响较小，且矿浆向内缘运动的趋势较为微弱。

由图 4.39 可知，矿浆在 0.25～0.5 圈中存在明显的“扩散”作用。受壁面的影响，上层流体运动到外缘后径向速度迅速反向，沿着壁面推动下层流体向内缘运动，从而发生视觉上的扩散作用，白色的低密度颗粒和黑色的中间密度颗粒将发生交叉作用，下层的中间密度将被推向内缘，而上层的低密度颗粒被甩向外缘；经过“扩散”作用后，矿浆运动轨迹在横向倾角 15°的槽面也有明显的弯曲；对 17°横向倾角的三台设备而言，矿浆在外缘的“扩散”作用相对稳定，15°横向倾角的三台设备中，距径比越低外缘的“扩散”作用越稳定。

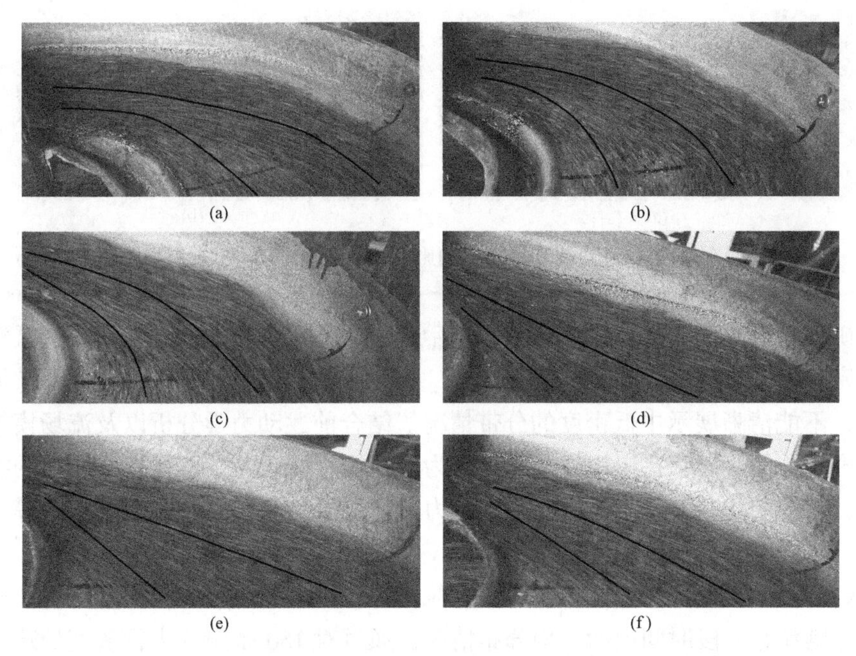

图 4.38 结构参数对颗粒分带规律的影响（0~0.25 圈）

（a）S_1；（b）S_2；（c）S_3；（d）S_4；（e）S_5；（f）S_6

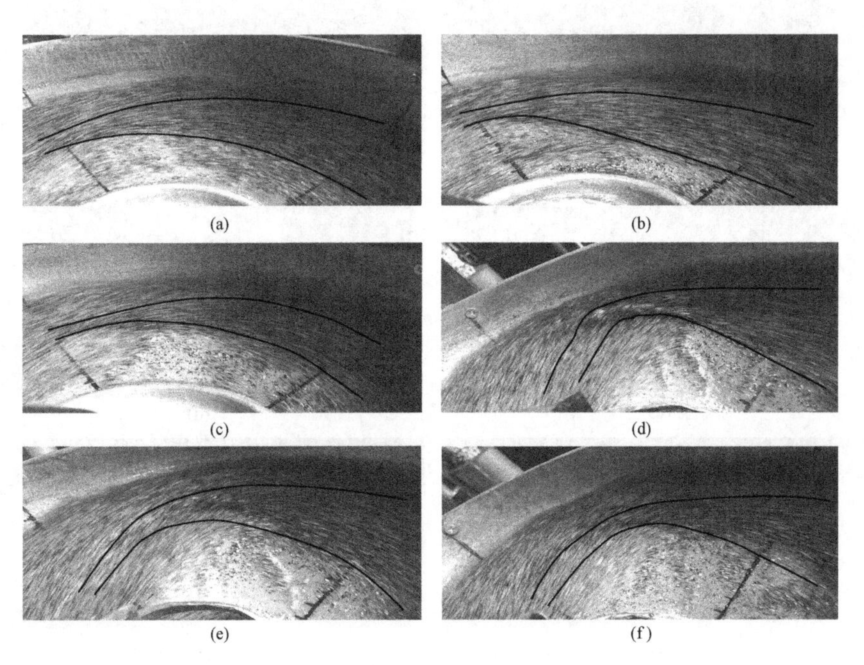

图 4.39 结构参数对颗粒分带规律的影响（0.25~0.5 圈）

（a）S_1；（b）S_2；（c）S_3；（d）S_4；（e）S_5；（f）S_6

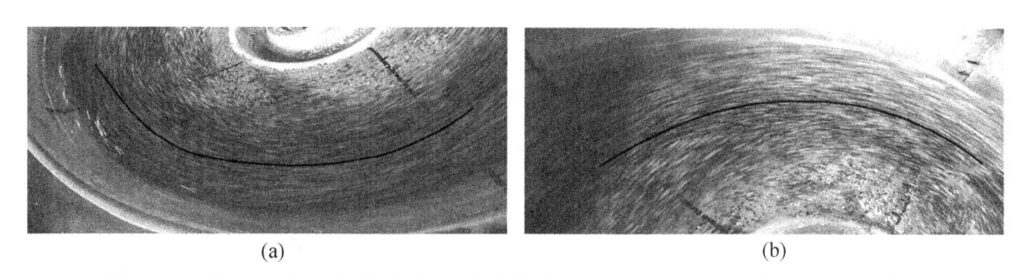

(a)　(b)

图 4.40　结构参数对颗粒分带规律的影响（S_1，0.5~0.75 圈，0.75~1 圈）

矿浆经过 0.25~0.5 圈的扩散作用后，颗粒沿槽面分布范围变宽，中低密度颗粒密度差异较小，混杂现象较为严重。受限于试验手段，拍摄的照片（见图 4.40）不能清晰展示中低密度的分带情况。结合前述动力学分析以及流场模拟结果可推测，此后矿浆在螺旋槽中沿着较为稳定螺旋线运动，不再发生明显的扩散作用，颗粒主要基于自身重力和拜格诺力进行分层，在径向环流、离心力等综合作用下实现颗粒沿径向的分带。

经过多圈的分选作用，白色示踪颗粒在外缘聚集作用较为明显。为了准确反映示踪颗粒在一段时间内的平均分布情况，通过对 150 张照片进行灰度处理，从而计算出平均图像，如图 4.41 所示。

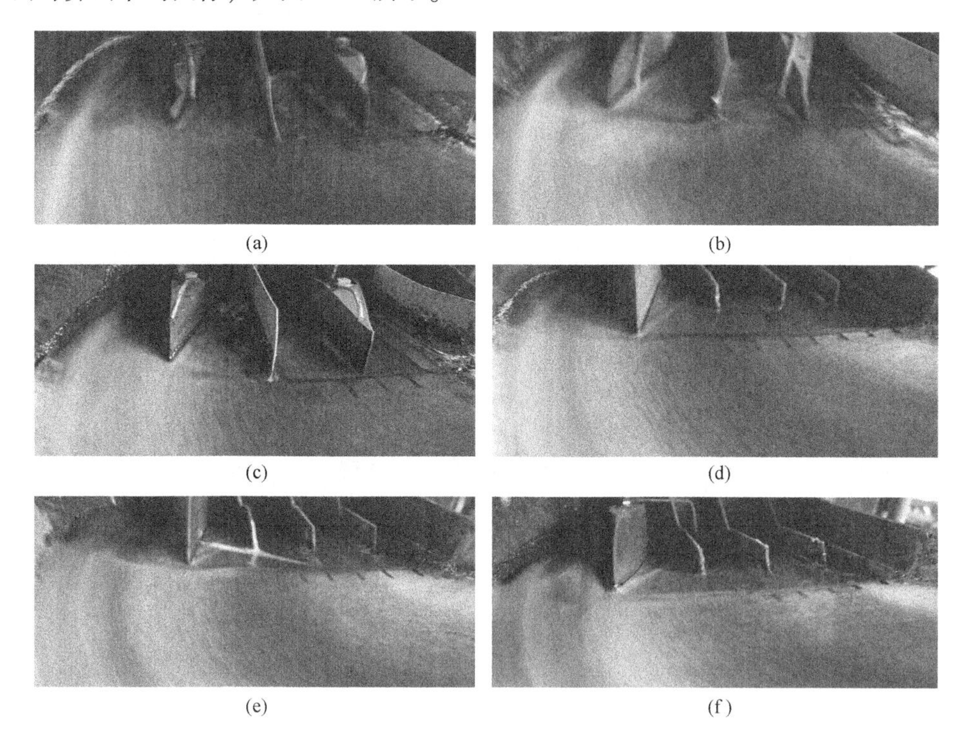

(a)　(b)

(c)　(d)

(e)　(f)

图 4.41　中低密度颗粒在不同结构参数螺旋分选机截料端的分布

(a) S_1；(b) S_2；(c) S_3；(d) S_4；(e) S_5；(f) S_6

图4.41记录了不同结构参数下，中低密度颗粒在不同结构参数螺旋分选机截料端的分带情况。图4.42是在图4.41基础上的灰度分布图，其中，黄色表示示踪颗粒，蓝色表示煤颗粒。黄色越亮说明低密度颗粒叠加越多，蓝色越暗说明中间密度颗粒叠加更多。需要说明的是，在试验条件下，螺旋槽内缘由于流膜厚度很薄，且并没有大量颗粒聚集在内缘，经过图片叠加后，导致内缘也将出现一定范围的黄色区域，该部分不应认为是示踪颗粒。结合图4.41和图4.42可以看出，中低密度颗粒经过5圈的分选后，可以除去部分中间密度颗粒。对15°横向倾角复合型螺旋分选机而言，0.4距径比时（S_4），示踪颗粒几乎分布在4号槽，但中间密度颗粒主要存在于3、4号槽，内缘的1、2号槽颜色相对较亮，说明此时对中间密度颗粒在内缘区的富集效果并不明显；对于0.37（S_5）和0.34（S_6）

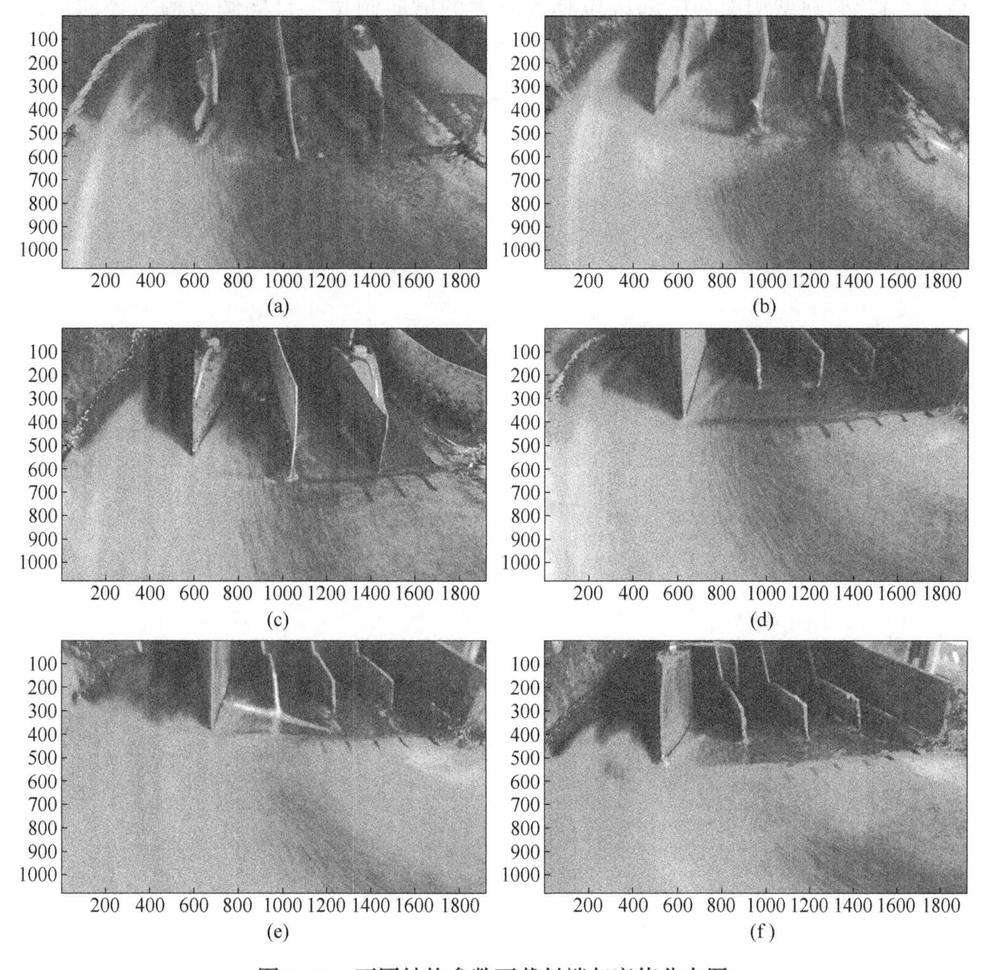

图4.42 不同结构参数下截料端灰度值分布图

(a) S_1；(b) S_2；(c) S_3；(d) S_4；(e) S_5；(f) S_6

距径比的螺旋分选机，内缘颜色有所变暗，说明中间密度颗粒在内缘的富集有一定增强，但同时外缘示踪颗粒的位置也偏向内缘，分选效果并不好；对于 0.4 距径比，17°横向倾角螺旋分选机，椭圆型槽面（S_1）内缘颜色较深外缘黄色区域比较集中，说明此时对中低密度颗粒分选效果较好。立方抛物线（S_2）和复合型（S_3）槽面相对来说有部分示踪颗粒聚集在 3 号槽，造成一定的损失。因此，通过示踪试验认为椭圆型槽面更适宜于中低密度颗粒的分选，与前述动力学分析和数值模拟得出的结论一致。

从示踪试验以及中低密度物料特性不难得出，中低密度颗粒由于密度差异较小，分层效果相对较差，中间密度颗粒难以聚集在最内缘，因此中间区域以及外缘是中低密度聚集的主要区域。结合第 3 章的动力学分析以及第 4 章的数值模拟结果，17°椭圆型槽面在中部区域具有较大的横向倾角，且椭圆型槽面径向环流作用较强，中间密度颗粒在椭圆型槽面中沿斜面的重力分力、径向环流的推动作用更强，这也就是椭圆型槽面对中低密度颗粒有较好分选效果的原因。

5　螺旋分选机分选密度调控手段及优化

在前述讨论中，阐明了螺旋分选机中流场、颗粒分层-分带动力学条件，基于6台不同结构参数螺旋分选机探讨了结构参数对颗粒分布规律的影响规律，提出粗煤泥螺旋分选过程可分为粗选和精选两个阶段。本章综合文献综述、动力学分析、数值模拟以及螺旋分选试验，总结了粗煤泥螺旋分选过程的分选特点及力场特性，为粗煤泥螺旋分选的优化提供理论指导。

5.1　分选密度调控手段分析

5.1.1　粗煤泥螺旋分选过程

螺旋分选机理可以概括为纵向分层和径向分带两方面。其中，沉降末速理论和拜格诺剪切理论可以解释螺旋分选分层机制，螺旋槽外缘的湍流度较大，对于煤用螺旋分选机而言，外缘湍流度宜适当小，避免扰乱外缘精煤的分选效果；重力沿径向的分力、径向环流、离心力的综合作用决定了颗粒径向分带情况，距径比和横向倾角是影响颗粒径向分布的关键因素，增大横向倾角、减小距径比可以进一步促进颗粒向内缘运动的趋势。

结合第4章半工业分选试验发现，在分析粗煤泥螺旋分选机理时，还应结合螺旋分选过程进行动态分析。粗煤泥螺旋分选可分为两个阶段：粗选阶段和精选阶段。粗选阶段主要是颗粒依靠自身重力、拜格诺剪切力实现分层后，在离心力、重力以及径向环流推动力作用下实现矸石、精煤的初步分选的过程；精选阶段，大部分高密度矸石和低密度精煤几乎不再参与分选，主要是中间密度颗粒以及错配的高/低密度颗粒在中间区域的进一步分选。具体而言，各阶段的功能及特点如下。

（1）粗选阶段，持续过程约3圈左右，经过第1圈的分选，大部分高密度矸石聚集在内缘1号槽，大部分低密度精煤聚集在外缘4号槽，轻重颗粒初步实现分选。由颗粒示踪试验进一步发现，矿浆进入螺旋槽前具备一定的初始厚度，进入螺旋槽后，下层流体受槽面倾斜的影响，切线方向速度减小而沿槽面倾斜方向速度增加，从而产生沿斜面向内缘运动的趋势，上层流体则在入料切线速度下，沿螺旋槽外缘运动从而形成交叉流。矿浆进入槽体后，上层流体不受槽面影响，因而先于下层流体到达壁面，在壁面作用下，上层水流迅速反向，并沿斜面倾斜方向内缘运动，此时上一阶段的下层流体也靠近壁面，从而形成“交叉作用”。经过两次“交叉作用”后，初始进入槽体的上层、下层流体均到达最外缘，此后，矿浆沿着较为稳定的螺旋线运动，逐步形成典型的螺旋分选机流场分布特性。在0~0.25圈、0.25~0.5圈，矿浆浓度分布相对均匀，此时颗粒主要基于自身重力实现分层。矸石颗粒和精煤颗粒密度差相对较大，轻重颗粒很快将实现分层。因此，在第1圈，高密度矸石颗粒和低密颗粒可以实现初步的分选。矿浆经过第1圈分选后，基本完成了流膜厚度、纵向速度沿径向的分布特性，此时内缘的流膜较薄，流速较低，浓度很大。此外，由泥沙动力学理论可知，在外缘的槽底，矿浆浓度也较高，流速较慢。因此拜格诺力在该区域将是颗粒松散分成的主要因素。根据拜格诺剪切分层理论，在浓度较高的内缘以及外缘槽底，颗粒间的剪切力将产生向上的分散压，形成向上的托举力，促使该区域的低密度颗粒浮于上层，在离心力、径向环流的作用下向外缘运动；外缘的非槽底区域，矿浆浓度较低，流膜厚度较厚，颗粒仍然靠其沉降特性进行分层，槽底的高密度颗粒在重力、摩擦力、径向环流作用下移动到内缘，从而实现分选过程的强化，完成煤泥的粗选。

（2）精选阶段，约为2圈，主要是1.4~1.8g/cm^{3}颗粒的分选行为，内缘区+1.8g/cm^{3}颗粒含量几乎不变，外缘区-1.4g/cm^{3}颗粒含量微弱增加。

5.1.2　中煤混杂原因分析

由分选实验可知，中间密度级物料（1.4~1.8g/cm^3）在2、3、4号槽均有较多分布，精煤中混有较多中煤的现象，导致分选精度较差。中煤混杂在粗煤泥螺旋分选中是普遍存在的问题，直接限制了螺旋分选机在粗煤泥分选中的应用。综合分选试验数据，中煤混杂的可能原因如下。

（1）内缘分选空间浪费。由第4章讨论可知，粗选阶段完成后，1号槽几乎全为高密度矸石。在此后的分选过程中，1号槽实际并不参与分选。由于水流在1、2号槽的厚度非常薄，高浓度的矸石颗粒聚集在1号槽将导致2、3号槽的中高密度颗粒难以向内缘运动，造成内缘分选空间浪费。

（2）径向环流分布范围变窄。由第2章讨论可知，在螺旋槽的内缘，流膜厚度较薄，内缘及中部矿浆浓度过高可能阻断内缘径向环流，使径向环流主要分布在外部区域，影响中高密度颗粒的径向分带。

（3）中、低密度颗粒分层效果不理想。分层效果不理想主要有两层含义：一是因为中煤-精煤相对密度差小，且与水的密度差距不是很大，导致分层效果不理想；二是拜格诺力对沉于流体下层的中间密度颗粒产生作用，导致该部分颗粒再次处于上层流体中，从而在径向环流、离心力作用下向外缘聚集，造成中煤混杂。

(4) 外缘紊流效应。已探明，在螺旋槽的外缘紊流效应相对较强。外缘流膜较厚，矿浆浓度较低，拜格诺力在该区域几乎不起作用，颗粒间的松散分层主要靠自身重力实现，较强的紊流效应会破坏颗粒群的松散分层作用。

5.1.3 螺旋分选机分选密度的调控手段

由第4章讨论可知，实验用的粗煤泥矸石含量较多，粗选阶段完成后主要聚集在1号槽位置，从而占据槽面空间，造成内缘分选空间的浪费。因此，在粗选阶段完成后，立即将矸石颗粒排除，为后续颗粒的分选提供空间，是实现低密度螺旋分选的关键手段之一。

具体来说，由实验用6台设备第3圈的密度分布情况可知，经过粗选阶段后，90%以上矸石颗粒聚集在1、2号槽。相对来说，0.4距径比、17°横向倾角、复合型槽面以及0.34距径比、15°横向倾角、复合型槽面在1号槽的矸石分布率最多。结合各参数下槽面形状特性、动力学公式以及数值模拟可知，内缘横向倾角以及距径比是增强矸石富集量的关键参数。内缘横向倾角较大，则矸石在槽面上沿径向的重力分力越大，越有利于向内缘的聚集；距径比降低（保证矿浆可正常流动的前提下），可以降低外缘紊流度，减小矿浆纵向速度，在相同分选距离下，延长分选时间，更利于矸石颗粒的富集。

预排矸后，剩余矿浆密度组成主要是中低密度颗粒，此时由于颗粒间密度差异较小，分层效果较差，且与水相密度差也较小，要降低螺旋分选密度，提升分选精度，分选需要在较为稳定的流态下进行，尽可能避免中间密度颗粒的混杂。由中低密度颗粒示踪试验可知，在试验参数条件下，0.4距径比、17°横向倾角的椭圆型槽面对中低密度分选效果较好；由螺旋槽面结构特性以及动力学分析可以发现，椭圆型槽面尽管内缘横向倾角较小，但中间区域横向倾角较大，有利于增强分布在中间区域的中间密度颗粒重力沿槽面的分力；此外，由数值模拟结果表明，椭圆型槽面外缘具有更强的径向环流。

综上所述，提升粗煤泥螺旋分选的关键技术手段有两点，一是预排矸，二是中煤再选。前者要求螺旋槽采用较低距径比，且内缘采用较大横向倾角的设计，尽可能在粗选阶段富集更多的矸石，后者要求中间区域横向倾角较大且径向环流作用较强的结构参数，提升对中间密度煤泥的径向分带效果。

5.2 螺旋分选机参数优化设计及试验结果

由第4章的讨论可知，0.34距径比、15°横向倾角的复合型螺旋分选机在第

1 圈、第 3 圈的矸石富集量是实验所用的 6 台设备中最好的，距径比也是实验所采用的最低距径比，其槽面内缘为 15°横向倾角的立方抛物线，内缘横向倾角与 17°立方抛物线内缘倾角差别不大，符合内缘较大横向倾角、低距径比的设计。因此粗选阶段选择 0. 34 距径比、15°横向倾角的复合型螺旋槽面，并且在第 3 圈末尾提前排出 1 号槽的矸石颗粒，为后续粗煤泥的分选腾出空间。预排矸示意图如图 5. 1 所示。

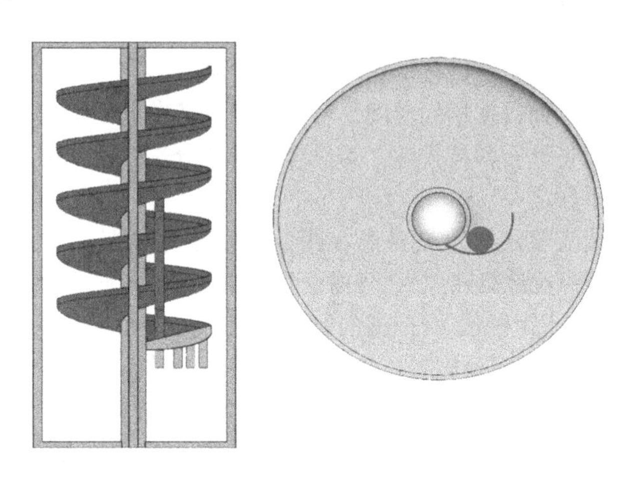

图 5. 1　预排矸示意图

矸石颗粒提前排出后，剩余矿浆主要密度组成见表 5. 1。由表 5. 1 可知，+1. 8g/cm^3 颗粒仍占剩余矿浆的 9. 47%，中间密度颗粒（1. 4～1. 8g/cm^3）占剩余矿浆的 32. 95%，有必要进一步排矸，剩余矿浆继续在 0. 34 距径比、15°横向倾角螺旋槽上分选两圈；待分选完成后，可以预见的是，3、4 号槽高密度矸石、中间密度颗粒，尤其是 1. 6～1. 8g/cm^3 颗粒的含量将有所减小。此时，剩余矿浆主导密度级应为-1. 4g/cm^3 和 1. 4～1. 6g/cm^3 颗粒。由动力学分析以及数值模拟结果可知，椭圆型槽面中间区域具有较大的横向倾角，且径向环流作用较强，有利于促进中间密度级颗粒的分选。结合实验室现有条件，在分选中间密度和低密度颗粒组成的物料时，选用 0. 4 距径比、17°横向倾角的椭圆型槽面螺旋分选机。综上，螺旋分选机低分选密度设计方案见表 5. 2。

表 5. 1　剩余矿浆密度组成

密度级	-1. 4	1. 4～1. 6	1. 6～1. 8	1. 8
产率/%	57. 58	23. 24	9. 71	9. 47

表 5.2 低密度螺旋分选方案设计

优化方向	具体实施方案		
粗-精螺旋分选机联合分选	粗选	设计原则	尽可能排除矸石的同时避免低密度精煤的损失
		设计参数	0.34距径比、15°复合型螺旋槽，第3圈提前排矸石
	精选	设计原则	保证精煤有效分选的同时促使中间密度颗粒移向内缘
		设计参数	0.4距径比、17°椭圆型螺旋分选机

考虑到0.34距径比、15°横向倾角的复合型螺旋分选机不提前排矿时4号槽灰分为8.87%，精煤灰分足够低，因此，在考虑中煤再选时，只将2、3号槽产品作为中煤再选的入料。在25%入料浓度、2.0m³/h流量下进行分选试验，产品分选指标见表5.3。

表 5.3 不同分选工艺产品指标 (%)

编号	一次分选（不排尾煤）		粗选（第3圈排尾煤）		中煤再选	
	产率	灰分	产率	灰分	产率	灰分
1	39.03	76.08	45.95	71.18	0.48	36.80
2	12.38	38.43	6.70	27.26	1.93	30.53
3	21.89	12.28	18.35	12.24	5.61	20.96
4	26.70	8.87	29.00	8.63	17.02	11.42

由表5.3可知，1号槽粗选产率增加了6.92%，灰分降低了4.9%，同时2号槽产率降低了5.68%，灰分也降低了11.17%，说明在第3圈提前排尾矿后，2号槽的中高密度矸石进一步向内缘运动，导致1号槽产率增加，灰分降低；2号槽中部分中高密度级移向内缘，导致产率、灰分也降低；粗选工艺4号槽灰分相对一次分选工艺4号槽灰分降低了0.24%，产率增加了2.3%，3号槽灰分变化不大，但产率降低，说明经过第3圈的提前排矸石，部分低密度颗粒进一步移动到外缘，分选行为有所增强。

从表5.3还可以看出，中煤经过再选，降灰效果较为明显，但4号槽灰分较高，说明中煤经椭圆型螺旋分选机后，有选别效果，但是再选后的精煤灰分较高，不能直接作为低灰精煤产品。将一次分选3+4号槽、粗选3+4号槽、粗选4号槽+再选3号槽+再选4号槽以及粗选4号槽+再选4号槽作为精煤，分别以方案一、方案二、方案三和方案四表示，得到4种精煤方案的产率灰分指标见表5.4。由表5.4可知，方案四精煤灰分最低，达9.66%，降灰比最小，*K*值最大，选别效果最好；方案三精煤灰分最高，达10.89%，但产率高，相应的*K*值也较大，选别效果较好；对比方案一和方案二可知，精煤灰分降低了0.38%，产率降低了1.24%，*K*值提高了2.15，说明通过提前排尾矿的手段，选别效果有一定的提升。

表 5.4　产品组合方案　（%）

产品及分选指标	方案一		方案二		方案三		方案四	
	产率	灰分	产率	灰分	产率	灰分	产率	灰分
精煤	48.59	10.41	47.35	10.03	51.64	10.89	46.03	9.66
尾煤	51.41	67.01	52.65	65.58	48.36	69.21	53.97	64.19
DGR	0.263		0.254		0.276		0.244	
K 值	184.46		186.61		187.42		188.29	

表 5.5 进一步对比了实验室 6 台不同结构参数螺旋分选机与最终优化的螺旋分选机的分选效果。设备 1~6 分别对应表 4.3 所示结构参数，设备 7 表示预排矸+中煤再选的分选方案。

表 5.5　不同结构螺旋分选机产品指标对比　（%）

编号	设备 1		设备 2		设备 3		设备 4	
	产率	灰分	产率	灰分	产率	灰分	产率	灰分
1	28.51	79.16	32.73	78.72	35.36	78.1	32.35	77.77
2	14.28	66.58	15.56	50.97	15.63	42.26	11.68	62.55
3	21.04	18.23	28.15	12.97	29.98	11.5	16.59	19.57
4	36.17	9.95	23.56	9.17	19.04	9.69	39.37	9.63

编号	设备 5		设备 6		设备 7	
	产率	灰分	产率	灰分	产率	灰分
1	37.54	77.18	39.03	76.08	46.43	70.82
2	11.54	42.9	12.38	38.43	1.93	30.53
3	21.5	13.6	21.89	12.28	5.61	20.96
4	29.42	9.03	26.7	8.87	46.03	9.66

由图 4.1 可知，精煤灰分要求 9.66%时，理论精煤产率为 50.8%；由表 5.5 可知，各参数条件下，4 号槽的灰分近似。当灰分要求 9.66%时，设备 1 和设备 4 的精煤产率较高，分别为 36.17% 和 39.37%，数量效率分别为 71.20%、77.50%；最终的优化方案（设备 7）在精煤灰分 9.66%时，产率达 46.03%，数量效率为 90.61%。说明在相同精煤灰分要求下，优化后的螺旋分选机有更好的分选效果。

从设备 7 的重产物分配曲线（见图 5.2）可知，经优化设计后，分选密度为 1.543g/cm^3，*E* 值为 0.121，*I* 值为 0.223，说明优化后的螺旋分选机，在分选精度较高的同时突破了煤用螺旋分选机分选密度高于 1.6g/cm^3 的限制，具有一定的现实意义。

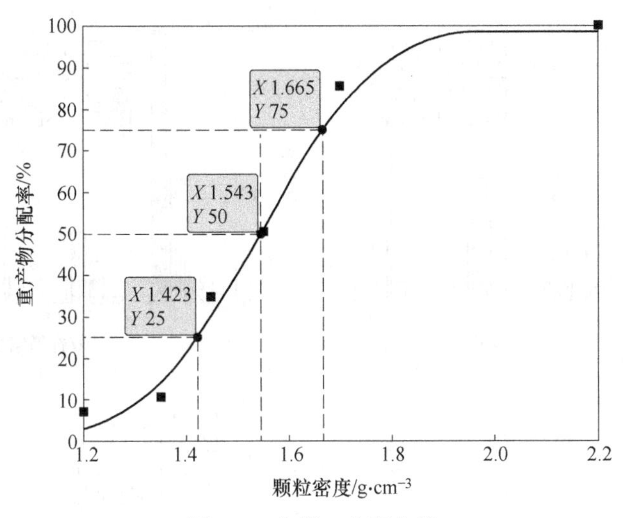

图 5.2 方案 7 分配曲线

5.3 低分选密度螺旋分选机颗粒迁移规律

为了进一步明确预排矸、中煤再选过程中颗粒的迁移规律，在排矸处（第 3 圈）、一次分选截料端、粗选截料端以及中煤再选截料端中各取 4 个样，分析密度沿径向的分布规律，如图 5.3 (a) 和 (b) 可知，一次分选时，矿浆经过第 3 圈后，+1.6g/cm^3 颗粒进一步向内缘槽聚集，-1.4g/cm^3 颗粒进一步向 4 号槽聚集，但 1.4~1.6g/cm^3 也有向外缘聚集的趋势；对比图 5.3 (a) 和 (c) 可知，经过预排矸，1 号槽+1.4g/cm^3 显著增加，但对 4 号槽的密度组成影响不大，说明通过预排矸，可以显著促进中高密度级颗粒移向内缘的趋势，但对最外缘的颗粒影响较小。这也直接证实了之前的猜想，即通过预排矸，将已不参与分选的矸石颗粒提前排除，腾出槽面空间，将有利于中高密度颗粒向内缘运动的趋势，从而提升选别效果。由图 5.3 (d) 可知，中煤再选时，对+1.4g/cm^3 有较强的分选作用，但在 4 号槽，仍有较多的 1.4~1.8g/cm^3 颗粒与-1.4g/cm^3 颗粒混杂，说明采用中煤再选的工艺，是可以提升分选效果的，但选别作用有限。需要注意的是，为了便于试验操作，在中煤再选试验过程中，并未改动截料器的位置，有可能导致 4 号槽中煤混杂较为严重。但在实际生产应用中，则可以通过需求，灵活调整 4 号槽截料器，从而实现对精煤产品的调整。

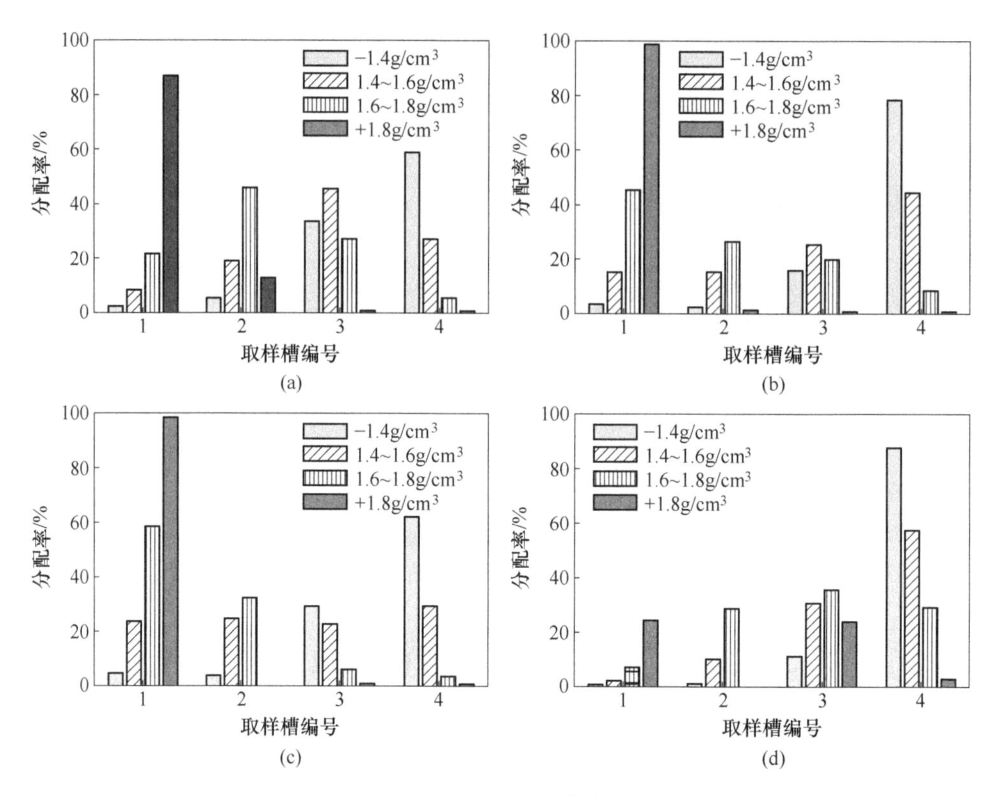

图 5.3　颗粒径向分布

(a) 预排矸处；(b) 一次分选；(c) 粗选；(d) 中煤再选

参考文献

[1] 刘伟，刘晨君．改革开放四十年来煤炭行业安全发展之路［J］．煤炭经济研究，2018，38（11）：34-42.

[2] 推动能源生产和消费革命战略研究［J］．中国工程科学，2015，17（9）：11-17.

[3] 滕吉文，乔勇虎，宋鹏汉．我国煤炭需求、探查潜力与高效利用分析［J］．地球物理学报，2016，59（12）：4633-4653.

[4] 彭苏萍．中国煤炭资源开发与环境保护［J］．科技导报，2009，27：11-12.

[5] 崔广文，赵辉，徐东升，等．粗煤泥分选新工艺的探讨［J］．煤炭加工与综合利用，2014：10-13.

[6] 叶贵川，马力强，徐鹏，等．螺旋分选机应用现状研究［J］．煤炭工程，2017，49：132-135.

[7] 王宏，谢广元，朱子祺，等．TBS 干扰床分选机在粗煤泥分选中的应用研究［J］．煤炭工程，2009：95-97.

[8] 于进喜，刘文礼，姚嘉胤，等．粗煤泥分选设备及其特点对比分析［J］．煤炭科学技术，2010：114-117.

[9] 连建华，刘炯天，白素玲，等．粗煤泥分选工艺研究进展［J］．中国科技论文在线，2011：242-246.

[10] 陆帅帅，吕宪俊，刘培坤，等．粗煤泥回收和分选工艺应用现状［J］．选煤技术，2014：83-87，91.

[11] 聂倩倩．螺旋分选机分选粗煤泥及配套工艺研究［D］．徐州：中国矿业大学，2009.

[12] 唐鑫．TBS 分选粗煤泥的优越性［J］．煤炭加工与综合利用，2010，4：1-3.

[13] 高丰．粗煤泥分选方法探讨［J］．选煤技术，2006：40-43.

[14] HOLLAND-BATT A B. Spiral separation：theory and simulation［J］. Transactions of the Institution of Mining and Metallurgy，Section C，1989，98：46-60.

[15] 范象波．螺旋选矿机［J］．国外金属矿选矿，1973：7-17.

[16] 卢继美．螺旋选矿机中水流的运动规律［J］．有色金属（选矿部分），1980：34-43.

[17] 赵广富，周玉森．煤用螺旋分选机机理的探讨［J］．选煤技术，1994：13-15.

[18] 周勤举，王行模，冉隆振．螺旋分选机研究［J］．昆明工学院学报，1994：21-28.

[19] 谢广元．选矿学［M］．徐州：中国矿业大学出版社，2001.

[20] HOLLAND-BATT A B. The dynamics of sluice and spiral separations［J］. Minerals Engineering，1995，8（1-2）：3-21.

[21] PARDEE F. Separator for ore，coal，&c：United States. 1899-25 July.

[22] HOLTHAM P N. The fluid flow pattern and particle motion on spiral separators［D］. Australia：University of New South Wales Department of Mineral Processing and Extractive Metallurgy，School of Mines，1990.

[23] GLEESON G W. Why the Humphreys spiral works［J］. Engineering and Mining Journal，1946：85-86.

[24] MELOY T P. Analysis and optimization of mineral processing and coal-cleaning circuits — Circuit analysis [J]. Internal Journal of Mineral Processing, 1980, 10: 61-80.

[25] HOLTHAM P N. Flow visualisation of secondary currents on spiral separators [J]. Minerals Engineering, 1990, 3 (3/4): 279-286.

[26] LI M, WOOD C J, DAVIS J J. A Study of Coal Washing Spirals [J]. Coal Preparation, 1993, 12 (1-4): 117-131.

[27] KAPUR P C, MELOY T P. Spirals observed [J]. Internal Journal of Mineral Processing, 1998, 53: 15-28.

[28] MATTHEWS B W, FLETCHER C A J, PARTRIDGE A C. Computational simulation of fluid and dilute particulate flows on spiral concentrators [J]. Applied Mathematical Modelling, 1998, 22: 965-979.

[29] KWON J, KIM H, LEE S, et al. Simulation of particle-laden flow in a Humphrey spiral concentrator using dust-liquid smoothed particle hydrodynamics [J]. Advanced Powder Technology, 2017, 28 (10): 2694-2705.

[30] DIXIT P, TIWARI R, MUKHERJEE A K, et al. Application of response surface methodology for modeling and optimization of spiral separator for processing of iron ore slime [J]. Powder Technology, 2015, 275: 105-112.

[31] DOHEIM M A, ABDEL GAWAD A F, MAHRAN G M A, et al. Numerical simulation of particulate-flow in spiral separators: Part I. Low solids concentration (0.3% & 3% solids) [J]. Applied Mathematical Modelling, 2013, 37 (1-2): 198-215.

[32] MISHRA B K, TRIPATHY A. A preliminary study of particle separation in spiral concentrators using DEM [J]. International Journal of Mineral Processing, 2010, 94 (3-4): 192-195.

[33] DOHEIM M A, ABDEL GAWAD A F, MAHRAN G M A, et al. Computational prediction of water-flow characteristics in spiral separators part I, flow depth and turbulence intensity [J]. Journal of Engineering Sciences, Assiut University, 2008, 36 (4): 935-950.

[34] BOUCHER D, DENG Z, LEADBEATER T W, et al. Speed analysis of quartz and hematite particles in a spiral concentrator by PEPT [J]. Minerals Engineering, 2016: 86-91.

[35] AMINI S H, NOBLE A. Application of linear circuit analysis in the evaluation of mineral processing circuit design under uncertainty [J]. Minerals Engineering, 2017, 102: 18-29.

[36] PALMER M K. The Development of a new Low Cut Point Spiral for Fine Coal Processing [J]. XVIII International Coal Preparation Congress, 2016: 861-866.

[37] BAZIN C, SADEGHI M, RENAUD M. An operational model for a spiral classifier [J]. Minerals Engineering, 2016, 91: 74-85.

[38] SIVAMOHAN R, FORSSBERG E. Principles of spiral concentration [J]. International Journal of Mineral Processing, 1985, 15: 173-181.

[39] HOLLAND-BATT A B. The dynamics of sluice and spiral separations [J]. Minerals Engineering, 1995, 8: 3-21.

[40] HOLLAND-BATT A B. The application and design of wet-gravity circuits in the South African

minerals industry [J]. Journal of the Southern African Institute of Mining and Metallurgy, 1982, 82 (3): 53-70.

[41] SADEGHI M, BAZIN C, RENAUD M. Effect of wash water on the mineral size recovery curves in a spiral concentrator used for iron ore processing [J]. International Journal of Mineral Processing, 2014, 129: 22-26.

[42] DAVIES P O J, GOODMAN R H, DESCHAMPS J A. Recent developments in spiral design, construction and application [J]. Minerals Engineering, 1991, 4 (3/4): 437-456.

[43] DEHAINE Q, FILIPPOV L O, JOUSSEMET R. Rare earths (La, Ce, Nd) and rare metals (Sn, Nb, W) as by-products of kaolin production - Part 2: Gravity processing of micaceous residues [J]. Minerals Engineering, 2017, 100: 200-210.

[44] 杨海旺. 螺旋分选机应用、研究综述 [J]. 内蒙古煤炭经济, 2015: 53, 65.

[45] 沈丽娟, 陈建中. XL 系列螺旋分选机 [J]. 煤, 1999: 38-40.

[46] 吴绍安, 周玉森, 赵广富, 等. SML900 螺旋分选机的研究 [J]. 选煤技术, 1991: 10-15.

[47] 沈丽娟, 陈建中, 祝学斌, 等. ZK-LX1100 螺旋分选机精选粗煤泥的研究 [J]. 选煤技术, 2009: 16-20.

[48] 沈丽娟, 张宝玉. XL750 螺旋分选机选煤的研究 [J]. 选煤技术, 1992: 3-5, 64.

[49] 吴绍安, 周玉森, 王观玉, 等. 螺旋分选机精选煤泥新工艺 [J]. 煤炭加工与综合利用, 1990: 23-28.

[50] 胡建平. 螺旋分选机在晋华宫选煤厂的应用 [J]. 山西煤炭, 2005: 44-46, 48.

[51] 刘佳喜. 煤用 LD7 型螺旋分选机在西铭矿选煤厂的应用 [J]. 山西焦煤科技, 2008: 17-18.

[52] 何岩岩, 王龙龙, 慕海伦, 等. 南非玛泰螺旋分选机在西易选煤厂的应用 [J]. 煤炭加工与综合利用, 2012: 41-43.

[53] 李晓燕, 延新花. 中泰公司选煤厂煤泥水处理方法的工艺改造 [J]. 中国煤炭, 2008: 83-84, 87.

[54] 劳里拉 M, 朱超. 南非煤炭的生产与洗选 [J]. 中国煤炭, 1999: 50-51.

[55] 高玉德. GL 型螺旋选矿机的研制及选别实践 [J]. 广东有色金属学报, 1997: 27-31.

[56] 袁树云, 沈怀立, 李正昌, 等. 振摆螺旋选矿机的研制及工业试验 [J]. 有色金属 (选矿部分), 1997: 18-23.

[57] 伍喜庆, 黄志华. 磁力螺旋溜槽及其对细粒磁性物料的回收 [J]. 中南大学学报 (自然科学版), 2007: 1083-1087.

[58] 张一敏, 刘惠中. 超极限 *h/D* 螺旋溜槽的研究及应用 [J]. 矿产综合利用, 2000: 43-46.

[59] 刘惠中. BL1500 螺旋溜槽的研制及应用 [J]. 有色金属 (选矿部分), 2000: 29-32.

[60] 陈庭中, 徐镜潜, 陈荩. 旋转塔形螺旋溜槽液流特性的研究 [J]. 江西有色金属, 1987: 20-28.

[61] HOLLAND-BATT A B. Spiral separation: theory and simulation [J]. TranslnstnMin Metall (Sect C: Mineral Process Extr Metall), 1989, 98: 46-60.

[62] Аникин М Ф. Spiral Concentrator [M]. Beijing: Metallurgical industry press, 1975.

[63] LOVEDAY G K, CILLIERS J J. Fluid flow modelling on spiral concentrators [J]. Minerals Engineering, 1994, 7: 223-237.

[64] HOLTHAM P N. Primary and secondary fluid velocities on spiral separators [J]. Minerals Engineering, 1992, 5 (1): 79-91.

[65] JAIN P K, RAYASAM V. An analytical approach to explain the generation of secondary circulation in spiral concentrators [J]. Powder Technology, 2017, 308: 165-177.

[66] 黄尚安, 唐玉白, 黄枢. 螺旋溜槽中的径向环流和矿粒运动轨迹的研究 [J]. 中南大学学报 (自然科学版), 1987: 16-22, 115.

[67] 徐镜潜, 陈庭中, 彭建平, 等. 离心螺旋溜槽流膜特性的研究 [J]. 有色金属工程, 1983: 39-49.

[68] 卢继美. 螺旋选矿机中水流的运动规律 [J]. 有色金属 (选矿部分), 1980: 36-45.

[69] 陈庭中, 徐镜潜. 流膜运动速度测定技术 [J]. 有色金属, 1981: 44-47.

[70] 黄秀挺. 螺旋溜槽流场特征及其颗粒的分选行为研究 [D]. 沈阳: 东北大学, 2015.

[71] HOLLAND-BATT A B. The interpretation of spiral and sluice tests [J]. Trans Instn Min Metall (Sect C: Mineral Process Extr Metall), 1990, 99: 11-20.

[72] BAGNOLD R A. Experiments on a gravity-free dispersion of large spheres in a Newtonian fluid under shear [J]. Proceedings of the Royal Society of London Series A, 1954, 225: 49-63.

[73] 范象波, 佟庆理. 拜格诺力在流膜选别设备中的应用 [J]. 有色金属 (选矿部分), 1982: 33-38.

[74] 黄枢. 拜格诺剪切理论在矿泥重选中的应用 [J]. 中南矿冶学院学报, 1983: 8-14.

[75] DEHAINE Q, FILIPPOV L O. Modelling heavy and gangue mineral size recovery curves using the spiral concentration of heavy minerals from kaolin residues [J]. Powder Technology, 2016, 292: 331-341.

[76] 沈丽娟. 螺旋分选机结构参数对选煤的影响 [J]. 煤炭学报, 1996, 21 (1): 73-78.

[77] 孙铁田. 螺旋选矿设备上矿粒运动速度的计算 [J]. 有色金属 (冶炼部分), 1976 (8): 42-46.

[78] 卢继美. 矿粒在螺旋选矿机中运动规律的研究 [J]. 南方冶金学院学报, 1981: 18-34.

[79] ATASOY Y, SPOTTISWOOD D J. A study of particle separation in a spiral concentrator [J]. Minerals Engineering, 1995, 10 (8): 1197-1208.

[80] GLASS H J, MINEKUS N J, DALMIN W L. Mechanics of coal spirals [J]. Minerals Engineering, 1999, 12 (3) .

[81] DAS S K, GODIWALLA K M, PANDA L, et al. Mathematical modeling of separation characteristics of a coal-washing spiral [J]. International Journal of Mineral Processing, 2007, 84 (1-4): 118-132.

[82] BOUCHER D, DENG Z, LEADBEATER T, et al. Observation of iron ore beneficiation within a spiral concentrator by positron emission particle tracking of large (ϕ=1440μm) and small (ϕ=58μm) hematite and quartz tracers [J]. Chemical Engineering Science, 2016: 217-232.

[83] BOUCHER D, DENG Z, LEADBEATER T, et al. PEPT studies of heavy particle flow within a

spiral concentrator [J]. Minerals Engineering, 2014: 120-128.

[84] MAHRAN G M A, DOHEIM M A, ABU-ALI M H, et al. CFD simulation of particulate flow in a spiral concentration [J]. Materials Testing, 2015, 57 (9): 811-816.

[85] LEE S, STOKES Y, BERTOZZI A L. Behavior of a particle-laden flow in a spiral channel [J]. Physics of Fluids, 2014, 26 (4): 043302.

[86] 刘祚时, 赵南琪, 刘惠中, 等. 螺旋溜槽分选流场中矿粒运动轨迹研究 [J]. 中国钨业, 2016, 31: 66-71.

[87] DALLAIRE R, LAPLANTE A, ELBROND J. Humphrey's spiral tolerance to feed variations [J]. International Journal of Mineral Processing, 1978, 15: 173-181.

[88] HOLLAND-BATT A B. The effect of feed rate on the performance of coal spirals [J]. Mineral Technologies, 1994, 14 (3-4): 199-222.

[89] BARRY B, KLIMA M S, CANNON F S. Effect of Hydroacoustic Cavitation Treatment on the Spiral Processing of Bituminous Coal [J]. International Journal of Coal Preparation and Utilization, 2015, 35 (2): 76-87.

[90] BAZIN C, SADEGHI M, BOURASSA M, et al. Size recovery curves of minerals in industrial spirals for processing iron oxide ores [J]. Minerals Engineering, 2014, 65: 115-123.

[91] YANG M. Evaluation of Ultrafine Spiral Concentrators for Coal Cleaning [D]. Morgantown, West Virginia: West Virginia University Department of Mining Engineering, 2010.

[92] TRIPATHY S K, RAMAMURTHY Y, SAHU G P, et al. Ultra fine chromite concentration using spiral concentrator [J]. Proceedings of the XI International Seminar on Mineral Processing Technology (MPT-2010), 2010: 144-150.

[93] HONAKER R Q, JAIN M, PAREKH B K, et al. Ultrafine coal cleaning using spiral concentrators [J]. Minerals Engineering, 2007, 20 (14): 1315-1319.

[94] KARI C, KAPURE G, RAO S M. Effect of Operating Parameters on the Performance of Spira Concentrator [J]. Proceedings of the International Seminar on Mineral Processing Technology, 2006: 316-319.

[95] MACHUNTER R M G. The effect of ultra-fine particles on the separation performance of wet gravity processing equipment and flowsheet design implications for their treatment [J]. In: Akser, M, Elder, J, (Eds) Proc Heavy Minerals Conference, SME Inc, Littleton, 2005: 185-187.

[96] KOHMUENCH J N. Improving efficiencies in water-based separators using mathematical analysis tools [D]. Virginia: Virginia Polytechnic Institute and State University Mining and Minerals Engineering, 2000.

[97] TRIPATHY S K, RAMA MURTHY Y. Modeling and optimization of spiral concentrator for separation of ultrafine chromite [J]. Powder Technology, 2012, 221: 387-394.

[98] FALCONER A. Gravity Separation: Old Technique/New Methods [J]. Physical Separation in Science and Engineering, 2003, 12 (1): 31-48.

[99] MOHANTY M, ZHANG B, WANG H, et al. Development and Demonstration of an Automation

and Control System for Coal Spirals [J]. International Journal of Coal Preparation and Utilization, 2014, 34 (3-4): 157-171.

[100] HOLLAND-BATT A B, HOLTHAM P N. Particle and fluid motion on spiral separators [J]. Minerals Engineering, 1991, 4 (3/4): 457-482.

[101] RICHARDS R C, MACHUNTER D M, GATES P J, et al. Gravity separation of ultra-fine (-0.1mm) minerals using spiral separators [J]. Minerals Engineering, 2000, 13 (1): 65-77.

[102] HYMA D B, MEECH J A. Preliminary tests to improve the iron recovery from the -212 micron fraction of new spiral feed at Quebec Cartier mining company [J]. Minerals Engineering, 1989, 2 (4): 481-488.

[103] MILLER D J. Design and operating experience with the Goldsworthy Mining Limited BATAC Jig and spiral separator iron ore beneficiation plant [J]. Minerals Engineering, 1991, 4 (3/4): 411-435.

[104] HOLTHAM P N. Particle transport in gravity concentrators and the Bagnold effect [J]. Minerals Engineering, 1992, 5 (2): 205-221.

[105] RICHARDS R G, PALMER M K. High capacity gravity separators a review of current status [J]. Minerals Engineering, 1997, 10 (9): 973-982.

[106] HOLLAND-BATT A B. Some design considerations for spiral separators [J]. Minerals Engineering, 1995, 8 (11): 1381-1395.

[107] Holland-Batt A B, HUNTER J L, TURNER J H. The Separation of Coal Fines Using Flowing-Film Gravity concentration [J]. Powder Technology, 1984 (440): 129-145.

[108] LIJUAN S. The effect of spirals structure parameters on coal preparation [J]. Journal of China Coal Society, 1996, 21 (73-78) .

[109] MAHRAN G M A. Modeling and simulation of the spiral separator [D]. Asyut: Assiut university Faculty of Engineering, 2009.

[110] STOKES Y M. Flow in Spiral Channels of Small Curvature and Torsion [C] // Flow in Spiral Channels of Small Curvature and Torsion. Dordrecht. Springer Netherlands: 289-296.

[111] STOKES Y M. Computing flow in a spiral particle separator [J]. 14th Australasian Fluid Mechanics Conference, 2001: 10-14.

[112] MATTHEWS B W, FLECTCHER C A J, PARTRIDGE A C. Particle flow modeling on spiral concentrators, benefits of dense media for coal Processing: benefits of dense media for coal processing? [J]. Second International Conference on CFD in the Minerals and Process Industries, CSIRO, Melbourne, Australia, 6-8 December, 1999.

[113] JANCAR T, FLETCHER C A J, REIZES J A, et al. Computational and experimental investigation of spiral separator hydrodynamics [M]. Society for Mining, Metallurgy, and Exploration, Inc. , Littleton, CO (United States), 1995.

[114] WANG J, ANDREWS J R G. Numerical simulations of liquid flow on spiral concentrators [J]. Minerals Engineering, 1994, 7 (11): 1363-1385.

[115] GROBLER J D, NAUDÉ N, ZIETSMAN J H. Enhanced Holland-Batt spline for describing spiral concentrator performance [J]. Minerals Engineering, 2016, 92: 189-195.

[116] GROBLER J. The influence of trash minerals and agglomerate particles on spiral separation performance [J]. Journal of the Southern African Institute of Mining and Metallurgy, 2017, 117 (5): 435-442.

[117] MACHUNTER R M G, PAX R A. Studies of the dynamic characteristics of plant circuits for the development of control strategies [J]. The Southern African Institute of Mining and Metallurgy, 2007: 133-138.

[118] FOURIE P J. Modelling of separation circuits using numerical analysis [J]. The Southern African Institute of Mining and Metallurgy, 2007: 1-6.

[119] GROBLER J D, BOSMAN J B. Gravity separator performance evaluation using Qemscan ® particle mineral analysis [J]. The Journal of The Southern African Institute of Mining and Metallurgy, 2011, 111: 401-408.

[120] GROBLER J D. Enhanced analysis of spiral separation performance [D]. Pretoria: University of Pretoria Metallurgical Engineering, 2016.

[121] KING R P, JUCKES A H, STIRLING P A. A Quantitative Model for the Prediction of Fine Coal Cleaning in a Spiral Concentrator [J]. Coal Preparation, 1992, 11 (1-2): 51-66.

[122] SUBASINGHE G K N S, KELLY E G. Model of a Coal Washing Spiral [J]. Coal Preparation, 1991, 9 (1-2): 1-11.

[123] RICHARDS R G, HUNTER J L, HOLLAND-BATT A B. Spiral Concentrators for Fine Coal Treatment [J]. Coal Preparation, 1985, 1 (2): 207-229.

[124] YE G, MA L, LI L, et al. Application of Box-Behnken design and response surface methodology for modeling and optimization of batch flotation of coal [J]. International Journal of Coal Preparation and Utilization, 2017: 1-15.

[125] WITEK-KROWIAK A, CHOJNACKA K, PODSTAWCZYK D, et al. Application of response surface methodology and artificial neural network methods in modelling and optimization of biosorption process [J]. Bioresource Technology, 2014 (160): 150-160.

[126] 阿尼金. 螺旋选矿机 [M]. 北京: 冶金工业出版社, 1975.

[127] 金兔. 直角四面体的性质及应用 [J]. 数学教学研究, 2001: 34-36.

[128] BURCH C R. Contribution to Discussion, (Douglas E. and Bailey D. L. R. Performance of a Shaken Helicoid as a Gravity Concentrator) [J]. Trans hsstn Mitt Metall, 1961-1962, 71: 397-436.

[129] 禹华谦. 工程流体力学 [M]. 四川: 西南交通大学出版社, 2007.

[130] WADNERKAR D, TADE M O, PAREEK V K, et al. CFD simulation of solid-liquid stirred tanks for low to dense solid loading systems [J]. Particuology, 2016, 29: 16-33.

[131] SONG T, JIANG K, ZHOU J, et al. CFD modelling of gas-liquid flow in an industrial scale gas-stirred leaching tank [J]. International Journal of Mineral Processing, 2015, 142: 63-72.

[132] GANEGAMA BOGODAGE S, LEUNG A Y T. CFD simulation of cyclone separators to reduce

air pollution [J]. Powder Technology, 2015, 286: 488-506.

[133] ARNOLD D J, STOKES Y M, GREEN J E F. Thin-film flow in helically-wound rectangular channels of arbitrary torsion and curvature [J]. Journal of Fluid Mechanics, 2014, 764: 76-94.

[134] MATTHEWS B, FLETCHER C, PARTRIDGE A, et al. Computations of curved free surface water flow on spiral concentrators [J]. Journal of hydraulic Engineering, 1999, 125 (11): 1126-1139.

[135] HIRT C W, NICHOLS B D. Volume of fluid (VOF) method for the dynamics of free Boundaries [J]. Journal of Computational Physics, 1981, 39: 201-225.

[136] YOUNGS D L. Time-dependent multi-material flow with large fluid distortion [J]. Numerical Methods in Fluid Dynamics, 1982: 273-285.

[137] BRACKBILL J U, KOTHE D B, ZEMACH C. A continuum method for modeling surface tension [J]. Journal of Computational Physics, 1992, 100 (2): 335-354.

[138] 陈庭中, 徐镜潜, 陈荩, 等. 螺旋溜槽流膜运动规律的研究 [J]. 中南矿冶学院学报, 1980: 16-22.

[139] 陈庭中, 徐镜潜, 陈荩, 等. 旋转塔形螺旋溜槽液流特性的研究 [J]. 江西有色金属, 1987: 20-28.

[140] 黄枢. 矿泥重选理论初探 [J]. 中南矿冶学院学报, 1979: 20-30.

[141] 李国彦. 颗粒群的分散压与流膜选矿机理 [J]. 有色金属, 1998: 41-47.

[142] 叶贵川, 马力强, 黄根, 等. 螺旋分选机动力学分析及参数优化探讨 [J]. 煤炭学报, 2017, 42: 479-485.

[143] 李华梁. CFD 技术应用于螺旋选矿机结构优化的研究 [D]. 赣州: 江西理工大学, 2016.

[144] 高淑玲, 魏德洲, 崔宝玉, 等. 基于 CFD 的螺旋溜槽流场及颗粒运动行为数值模拟 [J]. 金属矿山, 2014, (11): 121-126.

[145] AGRAWAL V, SHINDE Y, SHAH M T, et al. Effect of drag models on CFD-DEM predictions of bubbling fluidized beds with Geldart D particles [J]. Advanced Powder Technology, 2018, 29 (11): 2658-2669.

[146] CHU K W, WANG B, YU A B, et al. CFD-DEM study of the effect of particle density distribution on the multiphase flow and performance of dense medium cyclone [J]. Minerals Engineering, 2009, 22 (11): 893-909.

[147] MA L, WEI L, PEI X, et al. CFD-DEM simulations of particle separation characteristic in centrifugal compounding force field [J]. Powder Technology, 2019, 343: 11-18.

[148] XU B H, YU A B, CHEW S J, et al. Numerical simulation of the gas-solid flow in a bed with lateral gas blasting [J]. Powder Technology, 2000, 109 (1-3): 13-26.

[149] ODAR F. Verification of the proposed equation for calculation of the forces on a sphere accelerating in a viscous fluid [J]. Journal of Fluid Mechanics, 2006, 25 (3): 591-592.

[150] ANSYS Fluent Theory Guide. ANSYS, Inc. , 275 Technology Drive Canonsburg, PA 15317,

November, 2013.

[151] 邵梓一，张海燕，孙立成，等. 文丘里式气泡发生器内气泡破碎机制分析 [J]. 化工学报，2018，69 (6)：2439-2445.

[152] SCHWARZKOPF J D, MARTIN S, CLAYTON T C, et al. Multiphase flows with droplets and particles [M]. CRC press, 2011.

[153] AMYLI, GOODARZAHMADI. Dispersion and Deposition of Spherical Particles from Point Sources in a Turbulent Channel Flow [J]. Aerosol Science & Technology, 1992, 16 (4): 209-226.

[154] SAFFMAN P G. The Lift on a Small Sphere in a Slow Shear [J]. Journal of Fluid Mechanics, 2006, 22 (2): 385-400.

[155] 由长福，祁海鹰，徐旭常. Basset 力研究进展与应用分析 [J]. 应用力学学报，2002 (2)：31-33，139，140.

[156] LIANG L, MICHAELIDES E E. The magnitude of Basset forces in unsteady multiphase flow computations [J]. Journal of fluids engineering, 1992, 114 (3): 417-419.

[157] SYAMLAL M, O'BRIEN T J. Computer simulation of bubbles in a fluidized bed [J]. AICHE Symposium Series, 1989, 85 (1): 22-31.

[158] SYAMLAL M, O'BRIEN T J. The Derivation of a Drag Coefficient Formula from Velocity-Voidage Correlations [J]. Technical Note, US Department of energy, Office of Fossil Energy, NETL, Morgantown, WV, 1987: 1-20.

[159] WEN C Y. Mechanics of Fluidization [J]. Chem Eng Prog, Symp Ser, 1966, 62: 100-111.

[160] DI FELICE R. The voidage function for fluid-particle interaction systems [J]. International Journal of Multiphase Flow, 1994, 20 (1): 153-159.

[161] 隋占峰. 振动螺旋干法分选的 DEM 仿真研究 [D]. 徐州：中国矿业大学，2014.

[162] 沈丽娟. 煤用螺旋分选机工艺参数的研究 [J]. 选煤技术，1992：20-23.

[163] Özgen S, Malkoç Ö, Doğancik C, et al. Optimization of a Multi Gravity Separator to produce clean coal from Turkish lignite fine coal tailings [J]. Fuel, 2011, 90 (4): 1549-1555.

[164] 赵静，付晓恒，王婕，等. 响应面法优化超净煤制备中絮团的生成条件 [J]. 煤炭科学技术，2016，44：174-179.

[165] MYERS R H, MONTGOMERY D C. Response surface methodology: process and product optimization using designed experiments [M]. New York: Wiley, 2008: 219-325.

冶金工业出版社部分图书推荐

书　名	作　者	定价(元)
煤气作业安全技术实用教程	秦绪华　张秀华	39.00
破坏区煤层综采岩层控制理论与技术	李　杨	99.90
高瓦斯煤层采空区瓦斯空间分布及运移规律	张　欢　赵洪宝 李文璞　杜双利	79.00
煤矿机械故障诊断与维修	张伟杰	45.00
残留煤地下气化综合评价与稳定生产技术研究	黄温钢　王作棠	69.00
采动卸荷煤岩力学特性及渗透率演化规律研究	李文璞　尹光志 李铭辉　张东明	49.00
煤化学与煤质分析（第2版）	解维伟	45.00
煤炭开采与洁净利用	徐宏祥	56.00
选煤机械	王新文　潘永泰 刘文礼	58.00
燃煤烟气现代除尘与测试技术	齐立强	49.00
非煤矿井通风技术与应用	王海宁　张迎宾	96.00
煤泥水及选矿尾水微细矿物性质与处理	李宏亮	49.00
露天煤矿火区高温爆破	束学来　谢守冬 郑炳旭	68.00
水质调控与煤泥水处理	张志军　刘炯天	56.00
低渗高瓦斯煤层采空区瓦斯立体式抽采技术	张巨峰	66.00
含磷化合物抑制煤自燃阻化机理	王福生　董宪伟 侯欣然	52.00
干法选煤	任尚锦　孙　鹤	68.00